獭兔的良种繁殖技术与高效养殖

封 洋 著

U0253806

天津出版传媒集团

天津科学技术出版社

图书在版编目（CIP）数据

獭兔的良种繁殖技术与高效养殖 / 封洋著. -- 天津：
天津科学技术出版社, 2024.7. -- ISBN 978-7-5742
-2256-4

Ⅰ. S829.1

中国国家版本馆CIP数据核字第2024WY9781号

獭兔的良种繁殖技术与高效养殖

TATU DE LIANGZHONG FANZHI JISHU YU GAOXIAO YANGZHI

责任编辑：房　芳

责任印制：兰　毅

出　　版：天津出版传媒集团
　　　　　天津科学技术出版社

地　　址：天津市和平区西康路35号

邮　　编：300051

电　　话：（022）23332377

网　　址：www.tjkjcbs.com.cn

发　　行：新华书店经销

印　　刷：河北万卷印刷有限公司

开本 710×1000　1/16　印张 16.5　字数 220 000

2024年7月第1版第1次印刷

定价：88.00元

前　言

随着全球农业的不断发展以及消费者对多样化产品的需求日增，特种养殖逐步成为人们关注的焦点。獭兔以其肉质细嫩、营养价值高、生长周期短等特点，成为当下特种养殖业中的新宠。然而，作为养殖业的新兴分支，我国的獭兔养殖在科学化养殖方法的普及和应用方面仍有一定的提升空间。在这样的背景下，笔者汇总了关于獭兔的多年研究与实践经验，旨在提供一套系统的獭兔科学化养殖方法，以支持和推动我国特种养殖业的发展。

本书共十三章，第一章是绪论，主要探讨獭兔的起源、生产特点、品质特征、品系及色型，为读者提供獭兔养殖的基础知识。第二章是獭兔的生物学特性，深入分析獭兔的形态特征和生物学特征，包括其生理结构和适应性。第三章是獭兔的遗传育种，主要介绍獭兔的遗传知识，确定育种目标，探讨育种措施和技术，以提高獭兔的品质和生产效率。第四章介绍獭兔的选种和选配，明确优良种兔的标准，阐述选种和选配的方法，旨在优化种群结构。第五章是獭兔的高效繁殖技术，主要讨论獭兔繁殖生理和能力，以及繁殖特性和季节，着重于提高繁殖率和生产效率。第六章是獭兔的营养与饲料，详细讲述獭兔的营养需求，提供日粮的营养标准，探讨不同饲料类型及其营养价值。第七章是对獭兔饲料原料的加工调制，即指导如何加工和调制青绿饲料、粗饲料、能量饲料、蛋白质饲料及饲料添加剂。第八章是獭兔全营养饲料的配制，阐述日粮配制的基本原则，介绍全营养日粮的配制方法和全价饲料的经验配方。第九章主要介绍獭兔的饲养管理，讨论饲养管理的基本原则和技术，以及不同生理阶段和季节的饲养管理。第十章 主要是兔舍建筑及环境调控，介绍建场前的准备工作、场址选择与布局，兔舍建筑，以及环境调控技术。第十一章是獭兔常见疫病的预防与控制，主要讲述常见的传染病、寄生虫病和普通病，以及综合防治策略。第十二章是獭兔产品的加工利用，主要介绍獭兔皮和肉的特点和利用，以及副产品加工利用方法。

本书对于提高我国特种养殖业的整体水平具有重要意义。它不仅为养殖者提供了从业指南，也为研究者和学生提供了学习和研究的蓝本。随着人们生活水平的提高和对健康食品的追求，獭兔作为高蛋白、低脂肪的肉类产品，将有更广阔的市场前景。本书还为獭兔产品的深加工和市场拓展提供了技术支持，有助于推动整个产业链的发展。

鉴于笔者的学术水平所限，书中可能存在疏漏之处，敬请广大读者批评指正。

目 录

第一章 绪论

第一节 獭兔的起源

獭兔，学名力克斯兔（Rex Rabbit），是一种珍贵的皮肉兼用品种，属于哺乳纲、兔形目、兔科、兔亚科、穴兔属、穴兔种、家兔变种。在中国，由于其毛皮与水獭相似，因此被称为獭兔。它的绒毛平整直立，具有绢丝般的光泽和柔软的手感，故有"天鹅绒兔"之称。

獭兔的起源可追溯至 20 世纪初的法国。1919 年，一名名叫凯隆的法国牧场主在其普通灰兔后代中发现了一只具有短棉毛状被毛的幼兔。这只幼兔的被毛随着成长逐渐展现出短而整齐的栗棕色，色彩鲜艳。几乎在同一时间，又在另一窝中发现了一只类似的异性仔兔。这两只幼兔被视为力克斯兔的祖先。随后，一位名叫吉利的神父购买了这些突变种，并经过几代精心的选育和扩群繁殖，逐渐形成了力克斯兔这一新品种，并正式以"Rex"命名。

1924 年，力克斯兔在巴黎国际家兔展览会上首次亮相，引起了巨大轰动。此后，世界各国纷纷引入这一品种，并逐步培育出各种流行的色型。其中，英国培育的色型最多，共有 28 个被公认的色型；美国则培育出 14 种被公认的色型。

獭兔于 1920 年左右由传教士带入中国。1936 年，中国从日本引进了少量獭兔，1950 年又从苏联大量引进。进入 20 世纪 70 年代后，中国又从美国引进了多批獭兔。1997 年，北京的某公司从德国引进了一批德系獭兔。紧接着，山东于 1998 年从法国引进了一批法系獭兔。在近十年来，中国陆续从不同的国家引进了多种獭兔品种，在全国各地进行饲养。

獭兔的特点不仅在于其独特的外观和皮毛，还在于其对环境的强大适应能力和极强的繁殖率。獭兔能够适应不同的气候和饲养条件，且具有较高的繁殖能力和生长速度。这些特性使得獭兔成为世界范围内养殖者非常青睐的品种。

獭兔的养殖不仅对提高兔肉和兔毛的产量有重要作用，也为农村经济发展和农户收入增长提供了新的机会。獭兔肉质细嫩，营养价值高，深受消费者喜爱。其皮毛细腻柔软，色泽鲜艳，是制作高档服饰和装饰品的理想材料。

随着科学技术的发展和养殖技术的进步，獭兔养殖业也在不断发展和完善。通过科学饲养、疾病预防和遗传改良等方法，养殖者能够提高獭兔的生产性能和产品质量，从而使得獭兔养殖成了一个具有广阔发展前景的产业。獭兔养殖的发展也带动了相关产业的发展，如饲料生产、兽医服务、皮毛加工等，为农村经济的多元化发展做出了重要贡献。

第二节　獭兔的生产特点

一、繁殖力高，适于规模饲养

獭兔以强大的繁殖能力著称，其属于多产类动物，特点包括早熟、怀孕周期短、每胎产仔数量多、哺乳期较短，且全年均可繁殖。在良好的饲养和管理条件下，一般情况下獭兔一年可以产仔 4 至 6 次，每次产仔数量在 6 至 8 只之间。这意味着每只母兔每年能够提供大约 40 只断奶的仔兔。獭兔的生长速度快，一般 5 个月龄时体重就可以达到 2.5kg 左右，适合屠宰和取皮，生产周期较短的特点使得其经济效益很高。

实际养殖经验表明，獭兔既适合小群体养殖，也适合规模化养殖。考虑到其高繁殖力和短生产周期的特性，獭兔成为最适宜发展规模化养殖的畜类之一。这使得獭兔养殖成为一种经济效益高且可持续发展的产业活动，比较适合那些希望通过畜牧业实现高效益的养殖者。

二、獭兔以草为食，不竞争人类粮食资源

獭兔主要以草料为食，是典型的草食性动物。在其日常全价饲料中，草料可以占到 40% 到 50%。成年獭兔每天的食草量约 350～500g。獭兔的饲料来源非常广泛，包括农田或丘陵地区的散生草地、干草、作物秸秆、蔬菜等，都可以作为其饲料。因此，在那些粮食资源紧张且饲料粮不足的发展中国家，养殖獭兔成为一种缓解人畜争夺粮食资源、发展节约粮食的畜牧业方式的好的选择。獭兔的这一特点使其在促进农业可持续发展方面发挥着重要作用。

三、皮肉兼用，市场前景广阔

獭兔是一种既可提供优质毛皮又可供食用肉类的多功能品种。其毛皮质量上乘，因其短而密集、平整且坚固的毛发，轻柔美观的皮质等特点受到市场欢迎。这些特性符合现代消费者对衣着天然、风格独特且轻便的追求，因此在裘皮市场上具有较高的价值。据估计，目前全球獭兔皮市场的年需求量在 300 万至 1000 万张之间，市场缺口较大。

在肉质方面，獭兔肉与其他家兔肉质相似，营养丰富、肉质鲜嫩多汁，易于消化吸收，是一种理想的保健食品。这使得獭兔不仅在皮毛市场上有广阔的前景，其肉类产品也具有较大的市场潜力。因此，獭兔的饲养不仅可以带来双重经济效益，还有助于满足市场对高质量天然产品的需求。

第三节　獭兔的品质特征

獭兔是一种以毛皮和肉质双重用途著称的兔子品种。在生产过程中，不仅对其毛皮的质量有较高要求，而且由于獭兔的肉质细嫩、口感佳，因此其体重也是衡量獭兔品质的一个重要指标。综合来看，獭兔的品质特点可以归纳为"短、细、密、平、美、牢、体、重"这八个主要特征。

一、短

"短"在獭兔的品质评价中是指其皮毛的纤维长度非常短。相比之下，普通肉兔的毛纤维平均长度大约在 3cm 左右，而长毛兔的毛纤维长度则在 10 至 17cm 之间。标准的獭兔毛纤维长度仅为 1.3 至 2.2cm，理想状态下毛纤维的长度应为 1.6cm。在獭兔中，公兔的毛通常略长于母兔，但这种差异并不十分明显。如果獭兔的毛纤维长度超过 2.2cm，通常被认为是品种退化的标志，需要被淘汰。

二、细

"细"这一特点描述的是獭兔毛纤维的横断面直径较小，以及其具有较少的刚毛（或称针毛）。獭兔的绒毛细度通常在 16 至 19μm 之间，同时其绒毛含量高，占比达到了 93% 至 96%，而刚毛的含量相对较低，仅为 4% 至 7%。这种细腻的毛纤维质地使得獭兔皮毛具有独特的柔软和光泽。

三、密

"密"这一特征指的是獭兔皮肤上每平方厘米毛纤维的数量，即毛纤维的密度。据研究测定，普通肉用兔每平方厘米皮肤上的毛纤维数量大约在 1.1 万至 1.5 万根之间；长毛兔的这一数值大约在 1.2 万至 1.3 万根；

而獭兔的毛纤维密度更高，达到了 1.6 万至 3.8 万根。这种高密度的毛纤维赋予了獭兔皮毛特有的厚实感和细腻触感。

四、平

"平"这一特性表示獭兔的毛纤维长度一致，分布均匀，从侧面观察时呈现出非常平整的外观。这是因为獭兔的刚毛（枪毛）含量较少，而绒毛含量较多，导致其毛皮表面看起来非常平滑和柔软。这种均匀平整的特点是獭兔毛皮美观和质感上乘的关键因素。

五、美

"美"这一特点指的是獭兔的外形美观和色型的多样性。通过人工选育的獭兔品种不仅繁多，而且具有多种色型。每种色型都有其特定的标准要求，符合这些标准的獭兔通常具有更加吸引人的外观。相反，那些通过杂交或无序配种产生的色型往往看起来色彩混杂且较为暗淡。因此，在獭兔的选育过程中，注重色型标准的遵循对于保持和提升其美观度至关重要。

六、牢

"牢"这个特性描述的是獭兔毛纤维在皮板上的牢固程度，即毛纤维与皮肤的结合非常紧密，不容易脱落，同时皮板本身也是坚韧的。这种牢固性保证了獭兔毛皮的耐用性和高质量，使其在加工和使用过程中保持良好的状态。

七、体

"体"主要涉及獭兔的体型特征。虽然獭兔在体型上与其他毛兔和肉兔有共同之处，但也展现出其独有的特点。例如，獭兔的头部相对较小且较长，颌面通常占头部长度的三分之二；嘴部较大且尖，触须粗硬；

眼睛大而圆，位于头两侧。眼珠颜色根据不同的色型而变化，常成为区分各种色型的重要特征。例如，白色獭兔的眼珠通常是粉红色，而有色獭兔的眼珠通常是黑色或褐色。优良的獭兔通常耳朵长度适中，颈部较短而粗，胸部相对较小，腹部较大，但并不松弛下垂。臀部宽圆且发达，四肢强壮有力。獭兔爪子的颜色与毛色相关，并常作为判断其品种纯正性的一个标准。白色獭兔的爪子通常为白色或粉红色，有色獭兔的爪子则多为黑灰色或暗色。

八、重

"重"在獭兔品质评价中主要指的是体重。一般而言，体重较大的獭兔皮张面积更广，等级也更高。体重大的獭兔产肉量更多，综合经济效益较高。成年獭兔的平均体重大约在3.0至3.5kg之间。国际市场对獭兔的要求不仅包括外观上的美观和吸引力，还强调皮张的大小和肉产量，这些因素对提升獭兔的经济价值具有重大影响。当前国际上的獭兔育种方向已经从过去重视观赏性和色型选择转向注重毛皮质量优良、体重较大和产肉量多的皮肉兼用型獭兔。现代种兔的选留标准已提升至4.5kg。在生产商用獭兔时，甚至有达到6.5kg的大型皮肉兼用兔标准。

第四节　獭兔的品系

世界各国的獭兔都源自法国。由于各国引进獭兔后在培育方法、选育方向以及培育条件上存在差异，这导致了獭兔在保持基本的被毛特征不变的同时，呈现出一些变异，从而形成了众多具有各自特色的品种群。通常根据獭兔的引进国家来命名不同的品系，如从美国引进的獭兔称为美系獭兔，从德国引进的则称为德系獭兔。下文将介绍目前在中国饲养的几种引进品系以及国内培育的品系。

一、美系獭兔

在中国，美系獭兔是目前饲养数量较多的一种品系。由于引进的时间、地区差异以及国内不同养殖场在饲养管理和选育方法上的不同，美系獭兔的个体差异较为显著。以下是其基本特征。

第一，头部较小且尖，眼睛大而圆，耳朵长度适中、直立且灵活。第二，颈部稍长，颌下肉髯明显。第三，胸部相对较窄，背腰略呈弓形，臀部发达，肌肉充实。第四，毛色类型丰富，包括海狸色、白色、黑色、青紫蓝色、加利福尼亚色、巧克力色、红色、蓝色、海豹色等，共计 14 种色型。中国引进的品系以白色獭兔为主。

成年獭兔的平均体重约为 3.6kg，体长 39.6cm，胸围 37.2cm，耳长 10.4cm，耳宽 5.9cm，头长 10.4cm，头宽 11.5cm。美系獭兔繁殖力强，一年可繁殖 4 至 6 胎，平均每胎产仔 8.7 只。母兔泌乳能力强，母性良好，仔兔 30 天断乳时体重在 400 至 550g，5 个月龄时体重可达 2.5kg 以上。其被毛品质优良，粗毛率低，被毛密度高，5 个月龄商品兔背部每平方 cm 被毛密度约为 1.3 万根，最高可达 1.8 万根以上。相比其他品系，美系獭兔适应性强，抗病力较好，易于饲养。

二、德系獭兔

德系獭兔于 1997 年由北京的一家公司从德国引进，并开始在河北地区饲养。现在，这一品系的獭兔在北京、河北、四川、浙江等多个地区进行饲养。

德系獭兔的主要特点是体型较大，生长速度快，被毛密度高。其成年体重平均为 3.6kg，体长 41.7cm，胸围 31.2cm，耳长 11.1cm，耳宽 6.4cm，头长 10.8cm，头宽 11.2cm。这些体重和体长数据普遍高于在相同条件下饲养的美系獭兔。由于德系獭兔引进时间较短，其适应性不如美国品系，繁殖率也相对较低。然而，将德系獭兔作为父本与美系獭兔进行杂交时，可以获得明显的杂交优势。

三、法系獭兔

法系獭兔于 1998 年引进至中国。这一品系的特点是体型较大，体长较长，胸部宽阔深邃，背部宽平，四肢粗壮。头部圆润，颈部粗短，嘴巴平整，无明显肉髯。耳朵短而厚，呈 "V" 形直立，眉须弯曲。毛色包括黑色、白色、蓝色三种，被毛浓密且平齐，分布均匀，粗毛比例低，毛纤维长度约为 1.6 至 1.8cm。成年法系獭兔的平均体重为 4.5kg，体长 54cm，胸围 41cm，耳长 11.5cm，耳宽 6.2cm。生长发育快，100 日龄时体重可达 2.5kg，150 日龄时平均重量达 3.8kg；繁殖力强，母兔初配年龄为 5 个月，公兔为 6 个月，平均每胎产仔 7 至 8 只，最多可达 14 只。母兔母性良好，护仔能力强，泌乳量大。5 至 5.5 个月龄出栏的法系獭兔体重可达 3.8 至 4.2kg，皮张面积超过 1333 平方 cm，被毛质量优良，95% 以上达到一级皮标准。

在各项体型和毛质指标中，美系獭兔在脚毛密度方面优于法国和德国品系，但在其他 10 个性状方面表现较差；法系獭兔在背毛密度和臀毛密度两个重要性状方面表现最佳；德系獭兔在毛长、头长、头宽、体长、胸围、耳长、耳宽、脚毛密度和体重等性状方面表现最优。美系獭兔在窝产仔数、窝产活仔数、仔兔成活率和断奶成活率方面显著高于法国和德国品系，而德系的仔兔初生重量最高，与其他两个品系有显著差异。三个品系在受胎率方面的差异不显著。美系、法系、德系獭兔各项指标对比如表 1-1 所示。

表1-1　美系、法系、德系獭兔各项指标对比

指标名称	美系獭兔	法系獭兔	德系獭兔
受胎率	86.76%	76.67%	73.33%

指标名称	美系獭兔	法系獭兔	德系獭兔
窝产仔数	8.08 只	7.70 只	7.32 只
窝产活仔数	7.73 只	7.21 只	6.36 只
仔兔成活率	95.71%	94.92%	87.34%
仔兔初生重	44.73g	44.21g	49.55g
断奶成活率	89.55%	88.33%	78.57%

四、四川白獭兔

四川白獭兔由四川草原研究所于 2002 年育成，是一个具有强繁殖性能、优良毛皮品质、快速早期生长和稳定遗传性能的新品系。这一品系的獭兔全身毛色为白色，色泽明亮，被毛浓密且无旋毛；眼睛呈粉红色；体型匀称结实，肌肉丰满，臀部发达；头形适中，公兔头部相对母兔更大，双耳直立，脚掌毛质厚重。成年獭兔体重在 3.5 至 4.0kg 之间，被毛密度高达 2.3 万根 / 平方 cm，细度为 16.80μm，毛丛长度在 16 至 18mm，属于中型兔品系。

四川白獭兔在 4 至 5 月龄达到性成熟，6 至 7 月龄时体成熟，母兔初配年龄为 6 个月，公兔为 7 个月。种兔的利用年限为 2.5 至 3 年。平均每窝产仔 7.29 只，活仔数为 7.10 只，受孕率为 81.80%，初生窝重约385.98g。

在农村养殖条件下，四川白獭兔平均每胎产仔 7.3 只，仔兔断奶成活率为 89.3%，13 周龄时体重可达 1.79kg，毛皮合格率为 84.6%，显示出良好的适应性和生产性能。利用四川白獭兔改良其他品种獭兔后，仔兔断奶成活率提高 3.6%，成年体重增加 14%，毛皮合格率提高 18%，改良效果显著。这种品系适合在广大农村地区饲养，具有广阔的应用前景。

五、Vc-I、II系獭兔

Vc-I 和 Vc-II系獭兔（简称为I系和II系）是中国人民解放军军需大学 2004 年已并入吉林大学通过将日本大耳白兔（母本）与加利福尼亚獭兔（父本）杂交选育而成的品系。这些品系的獭兔特点包括高繁殖性能、快速的生长速度、较大的体型以及稳定的生产性能。I系和II系獭兔的平均性成熟期为 3.5 个月龄。这种杂交选育的方法有效地结合了两个品种的优良特性，创造出了具有高效生产能力的新品系。I系和II系獭兔对比如表 1-2 所示。

表1-2　I系、II系獭兔对比

指标名称	I系	II系
窝产仔数	7.32 只	6.95 只
初生窝重	351.23g	368.15g
断乳个体重	861.3g	894.14g
断乳成活率	94.5%	95.13%
5月龄平均体重	2885.24g	3087.59g
5月龄平均体长	47.98cm	50.41cm
5月龄平均胸围	26.15cm	27.47cm

第五节　獭兔的色型

獭兔的色型是区分不同品系、选择种兔时重要的考虑因素，也是判断獭兔毛色和商业价值的主要标准。目前，獭兔的色型主要分为四大类：深色系、野鼠色系、本色系和碎花色系。公认的色型有 20 多种，下面将对其中的几种进行简要介绍。这些色型的多样性不仅反映了獭兔品种的丰富多样，也为养殖者提供了更多选择，并且增加了獭兔毛皮的市场价值。

一、纯白色獭兔

纯白色獭兔的特点是全身被毛为纯净的白色，不含任何污渍或杂色毛。这种毛色类型相当珍贵，因其纯净无瑕的毛色在毛皮市场上非常受欢迎。它们的眼睛通常呈粉红色，爪子为白色或象牙白色。

二、纯黑色獭兔

纯黑色獭兔全身被毛呈深黑色，没有任何其他颜色的杂毛。这种毛色类型以其浓郁且均匀的色泽而著称，在毛皮市场上也有一定的人气。纯黑色獭兔的眼睛一般为深色，爪子也呈黑色。

三、红色獭兔

红色獭兔全身被毛展现出鲜明的深红色，通常背部的毛色比体侧更为深沉，而腹部的毛色则相对较浅。这种獭兔的理想毛色是一种丰富的暗红色。它们的眼睛通常为褐色或棕色，爪子呈暗色调。这种獭兔因其独特的毛色而在市场上有着特殊的吸引力。

四、纯蓝色獭兔

纯蓝色獭兔的显著特点是全身覆盖着纯正的蓝色被毛。这种獭兔的每根毛发从根部到尖端都呈现出均匀的蓝色，不会有白色毛尖出现，且颜色稳定，不易褪色，也不会出现铁锈色。即使是粗毛部分，也保持着同样的蓝色。它们的眼睛颜色通常为蓝色或暗蓝灰色，爪子呈暗色调。这种纯蓝色的毛色使得其在视觉上非常吸引人，是一种颇具特色的毛色类型。

五、青紫蓝色獭兔

青紫蓝色獭兔是一种生长发育良好的兔种，其毛皮的质地和色型极其类似于毛丝鼠的皮毛。这种獭兔不仅毛色独特，而且具有良好的肉用性能，体型较大，肉质优良。它们的毛发基部呈石蓝色，色带较宽，中部为珍珠灰色，而毛尖部为黑色。被毛自然具有丝光效果，颈部和腹部的毛色相对于身体其他部位略微浅一些；腹下部的毛色为白色或浅蓝色，眼周围的毛色为珍珠灰色。眼睛颜色可能是棕色、蓝色或灰色，爪子呈暗色。这种青紫蓝色的毛色给獭兔增添了一种特殊的魅力，使其在市场上独树一帜。

六、加利福尼亚色獭兔

加利福尼亚色獭兔的特征是其特殊的色泽分布，除了鼻端、两耳、四肢下部和尾巴呈现出黑色之外，其他身体部位全部为白色。这种色泽分布被俗称为"八点黑"。这种黑白色的分界线非常明显，整体色泽协调且分布均匀；其毛绒既厚密又柔软。这种獭兔的眼睛通常呈粉红色，而爪子为暗色。加利福尼亚色獭兔以其独特的外观和优良的毛质，在市场上备受欢迎。

七、海狸色獭兔

海狸色獭兔是一种具有较长历史的原始色型，遗传性能相对稳定。这种獭兔全身被毛呈红棕色，背部的毛色较深，而侧身部分的颜色较浅，腹部通常为淡黄色或白色，这也是其标准的毛色之一。毛纤维的基部为瓦蓝色，中段呈深橙色或黑褐色，毛尖部略带黑色。它们的眼睛颜色为棕色，爪子呈暗色。海狸色獭兔以其独特的颜色和稳定的遗传特性，在獭兔品种中占有重要地位。

八、巧克力色獭兔

巧克力色獭兔，也被称为哈瓦那獭兔，因其被毛颜色酷似古巴雪茄烟的颜色而得名。这种獭兔的背部被毛呈现出巧克力般的栗色，侧身部分略显浅色，而腹部则为白色。它们的眼睛颜色通常是棕褐色。巧克力色獭兔因其独特的毛色而受到市场的青睐，是獭兔品种中一个较为吸引人的色型。

九、海豹色獭兔

海豹色獭兔的被毛颜色主要为黑色或深褐色，这种色泽与海豹的皮毛相似。它们的侧身、胸部和腹部的毛色相对较浅，毛尖部分略呈灰白色。在体躯的主要部位，毛纤维的颜色保持一致，从基部到毛尖均为墨黑色，而从颈部到尾部则呈现出暗黑色。这种獭兔的眼睛颜色为暗黑色或棕黑色，爪子也呈暗色调。海豹色獭兔以其独特的深色毛色和优雅的外观，在獭兔品种中占有一席之地。

十、水獭色獭兔

水獭色獭兔的特征在于其全身被毛呈现深棕色，颈部和腹部的毛色较浅，略带深灰色，而腹部的毛色通常是浅棕色或乳黄色。它们的被毛绒密且富有光泽。眼睛为深棕色，爪子呈淡淡的暗色调。

水獭色獭兔的被毛还可以呈现蛋白石色，毛尖部分特别是在体躯两侧的颜色为深蓝色；毛发中部为金黄褐色，与毛基部的石盘蓝色明显区别。腹下部的被毛基部为蓝色，中间部分为白色或黄褐色。眼睛颜色为蓝色或石盘蓝色。这种獭兔以其独特的颜色和外观，在獭兔品种中具有独特的吸引力。

十一、山猫色獭兔

山猫色獭兔，也称为猞猁色獭兔，其被毛的色泽类似于山猫，具有独特的吸引力。这种獭兔的毛发基部为白色，中部呈金黄色，而毛尖部分略带淡紫色。这种色泽组合使得它成为毛皮中极具吸引力的毛色之一。它们的被毛柔软，带有银灰色的光泽，腹部的毛色相对较浅，或呈现略微的白色。眼睛颜色为淡褐色或棕灰色，爪子则为暗色。山猫色獭兔以其独特的毛色和柔软的毛质，在市场上拥有较高的价值和需求。

十二、紫貂色獭兔

紫貂色獭兔是獭兔中的一种彩色变种，以其短而华丽的被毛而闻名，市场上的售价相对较高。特别是那些带有绿色光泽的紫貂色獭兔，其价值更是居高不下。这种獭兔一般在公兔7个月龄和母兔4个月龄时开始繁殖。由于这种毛色的稳定性不强，因此在兔群中数量相对较少。其毛色的控制十分关键，主要呈现中等褐色，但不易掌握；若变为浅褐色，可考虑引入加利福尼亚品系进行改良。持续的调整和管理是维持其标准毛色的关键。紫貂色獭兔的毛色特征是：脊背呈靛黑褐色，体侧为栗褐色，头部、耳朵、四肢和尾巴均为暗黑色。眼睛呈红宝石色。若出现其他杂色，则视为不合格。

十三、花色獭兔

花色獭兔，也被称作花斑兔、碎花兔或宝石花兔，其特点在于独特的花斑图案。这类獭兔的被毛颜色分为两种基本情况。

第一，主要为白色背景，散布着其他颜色的斑点，典型特征包括背部有一条较宽的有色背线，有色嘴环、有色眼圈和体侧的对称斑点。这些斑点的颜色包括黑色、蓝色、海狸色等。

第二，主要为白色背景，同时混杂两种不同颜色的斑点，颜色组合包括深黑色与橘黄色、紫蓝色与淡金黄色、巧克力色与淡黄色、浅灰色与浅黄色等。花斑通常分布在背部、体侧和臀部。这类獭兔的眼睛颜色通常与花斑色泽相匹配，爪子呈暗色。

花斑獭兔的花斑图案具有一定的典型性，通常两耳毛色相同，鼻部、背部、体侧和臀部都带有花斑，花斑面积大约占全身的 10% 到 50%。

除此之外，獭兔的其他色型还包括米色、奶油色、橙色、银灰色、烟灰色、钢灰色等。这些不同的色型为獭兔养殖提供了丰富的选择，并提高了其商业价值。

第二章 獭兔的生物学特性

第一节 獭兔的形态特征

一、外貌特征

獭兔具有较小且稍长的头部，其中颜面区大约占头部长度的三分之二。嘴巴较大且尖，上唇的中间有一道纵裂，使上唇分为左右两部分，门齿外露。在嘴边还长有一些粗硬的触须。獭兔的眼睛大而圆，每只眼睛的视野角度超过180°。不同颜色的獭兔眼球颜色也有所不同，这是区分不同色型獭兔的一个重要特征。例如，白色獭兔的眼球通常呈粉红色，蓝色獭兔的眼睛可能是蓝色或蓝灰色，黑色獭兔的眼睛则呈黑褐色。

獭兔的耳朵长度适中，能够自由转动，并灵活捕捉来自周围环境的声音。獭兔的颈部短而粗，轮廓清晰。颈部有明显的皮肤皱褶，形成肉髯，肉髯的大小与獭兔的年龄成正比。獭兔的躯干分为胸、腹和背三部分，胸腔相对较小，腹部较大，与它们的草食性、强繁殖能力和较少的活动量有关。背部弯曲呈弓形，臀部宽圆而发达，肌肉丰满且均匀发育。

獭兔的前肢较短，而后肢长而强壮，飞节以下部分形成脚垫。静止时，獭兔呈蹲坐姿势，运动时则以后肢为主力，运动方式为跳跃式，属于跖行性动物。獭兔的前脚有五趾，而后脚只有四趾（第一趾退化），趾端有锐利的爪子。这些身体特征使得獭兔在运动和生活中有其独特的适应性。爪有各种颜色，是区别獭兔不同品系的依据之一，如白色獭兔爪为白色或玉色，黑色獭兔爪是暗色。獭兔站立和行走时，其趾和部分脚掌均着地。獭兔的外形结构如图 2-1 所示。

图 2-1　獭兔的外形结构

二、解剖特征

了解和掌握獭兔的正常形态结构以及其生长发展过程是至关重要的。这不仅有助于判断獭兔是否健康正常，而且对于深入理解它们的正常生理活动和一些病理现象也非常关键。了解和掌握这种知识使得人们能够做出科学的诊断，并采取针对性的治疗措施。基于对獭兔个体优劣和品种间差异的认识，可以制定适宜的饲养管理方案，从而实现更高的经济效益。简而言之，对獭兔正常形态和发展的深入了解是实现高效养殖和健康管理的基础。

（一）运动系统

獭兔的运动系统由骨骼和肌肉两大部分构成。这些肌肉附着在骨骼上，通过收缩和舒张的动作，以关节作为支点，实现各种运动。

1. 骨骼

獭兔的骨骼可根据其形状分为四种类型：长骨、短骨、扁骨和不规则骨；按照位置可分为中轴骨和四肢骨。中轴骨主要包括头骨和躯干骨，而四肢骨则由前肢骨和后肢骨组成。

2.肌肉

獭兔的肌肉根据身体不同部位可以分为皮肌、头部肌、躯干肌和四肢肌。这些肌肉的协调运作使得獭兔能够进行有效的运动。

（二）内脏系统

獭兔的内脏系统主要包括位于胸腔、腹腔和骨盆腔中的各种管道系统，这些系统通过一端或两端与外界相连。在神经和体液的调节作用下，这些系统直接参与獭兔体内的新陈代谢和生殖功能。内脏系统包含消化、呼吸、泌尿和生殖四个主要系统。

1.消化系统

獭兔的消化系统负责从外界摄取营养物质，以满足其生长发育、繁殖和组织修复等新陈代谢需求。该系统的主要功能是消化摄入的食物，吸收其中的营养物质，并将不可消化的残渣排出体外。獭兔消化系统由消化管和消化腺两部分组成，如图2-2所示。

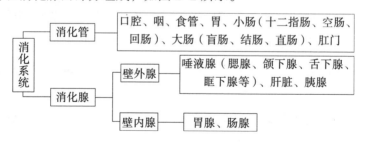

图2-2　獭兔消化系统组成图

2.呼吸系统

獭兔的呼吸系统在其生命活动中起着至关重要的作用。在新陈代谢过程中，獭兔通过不断消耗氧气来产生能量，同时产生对机体有害的二氧化碳作为代谢副产品。因此，它们必须持续从外界吸入氧气，并将二氧化碳排出体外。这个吸氧和排放二氧化碳的过程就是呼吸。獭兔的呼吸系统由呼吸道（包括鼻、咽、喉、气管和支气管）以及肺部组成，这些组成部分共同工作，确保獭兔的正常呼吸活动。

3. 生殖系统

獭兔的生殖系统是维持种群繁衍和延续的关键系统，其主要功能在于产生生殖细胞并促进后代的产生。这一系统根据性别的不同而有所区别，分为雄性和雌性生殖系统。

雄性生殖系统主要由睾丸、附睾、输精管、尿生殖道、副性腺、阴茎、包皮和阴囊等组成。这些器官和部位共同工作，负责生产和输送精子，以及与尿道共用的生殖通道的相关功能。

雌性生殖系统则包括成对的卵巢、输卵管、子宫以及单一的阴道和阴门等器官。值得注意的是，母兔具有一对完全独立的子宫，属于双子宫类型。獭兔的子宫长度可达 7cm 以上，其结构特别之处在于没有明显的子宫角和子宫体之分，这与其他哺乳动物的生殖结构有所区别。

在獭兔的繁殖过程中，这些雄性和雌性生殖系统的器官协同工作，保证了獭兔后代的成功繁衍和种族的持续发展。

第二节　獭兔的生物学特征

一、生活习性

（一）嗅觉灵敏，视觉迟钝

獭兔嗅觉十分灵敏，但视觉不发达，常用嗅觉识别饲料，采食前总是先用鼻子闻一闻再吃，通过嗅觉还可辨认出仔兔是不是自己生的。

（二）门齿终身生长，具啮齿行为

獭兔的第一对门齿属于恒齿，即从出生时开始就存在，不会脱换，而且这对门齿会终生持续生长。具体来说，上颌的门齿每年大约生长10cm左右，而下颌的门齿每年生长约12.5cm（如图2-3所示）。由于这种不断地生长，獭兔需要通过采食和啃咬硬质物体的方式来磨损它们，以此保持上下门齿的正常咬合状态。如果食物过软，易出现上下齿咬合问题（如图2-4所示）。这种通过啃咬硬物以磨平持续生长的门齿的行为，在动物学上被称为啮齿行为，是獭兔及其他啮齿动物的一种典型特征。这种行为不仅帮助獭兔维持其门齿的健康，也是它们日常生活的一个重要部分。

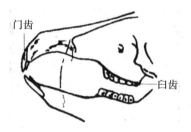

图2-3　獭兔的牙齿

图2-4　门齿咬合异常的獭兔

（三）穴居性

獭兔天生具有穴居性，这意味着它们有挖掘洞穴并在洞中居住和产仔的本能。这种行为是长期自然选择的结果，反映了獭兔对环境的适应性和生存策略。在人工养殖条件下，尤其是笼养环境，为了满足獭兔的这一天性，通常需要为繁殖的母兔准备一个产仔箱。这样，母兔可以在相对封闭和安全的空间内产仔，模拟其在野外挖掘洞穴的自然习性。这种做法有助于保持母兔的安全感和舒适度，同时确保幼兔在出生后得到适当的保护。

（四）独居性

獭兔自然倾向于独居，这是它们的一个明显特征。在群体饲养的环境中，无论是公兔与母兔之间还是同性之间，都可能出现打斗和撕咬的行为，尤其是公兔之间更为常见。这种行为不仅会导致伤害，还可能降低毛皮的质量。因此，在养殖管理中，通常建议对 3 个月龄以上的公兔和母兔及时进行分笼饲养。用于繁殖的种公兔需要单独饲养，而非繁殖用的公兔应及时进行去势处理，以避免不必要的打斗和伤害，确保养殖环境的安全和獭兔个体的健康。

（五）热应激性

獭兔具有显著的热应激性，这主要是因为它们浓密的被毛和不发达的汗腺导致的。但这使得獭兔能够很好地适应寒冷环境，但对炎热天气较为敏感。獭兔的理想环境温度范围是 15 ～ 25℃，且能够承受的临界温度为 5 ～ 30℃。因此，在日常管理中，防暑措施比防寒措施更为重要。在夏季高温时期，必须采取有效的降温措施。同时，在严寒的冬季需要注意保暖，以防止獭兔受到寒冷天气的影响。这些措施对于维持獭兔的健康和生长至关重要。

（六）夜行性

獭兔具有明显的夜行性习性，这是它们在进化过程中，作为体格较弱、对敌害防御能力较差的动物，通过长期自然选择形成的。作为野生穴兔的亲缘种类，獭兔保留了这种昼伏夜行的习性。夜间，它们非常活跃，频繁进行采食和饮水。据研究显示，獭兔在夜间的采食量约占其全天采食量的 70%，而饮水量则占约 60%。白天，除了少量的采食和饮水活动，它们大部分时间处于休息状态，通常闭目静卧，甚至进入睡眠状态。

因此，在日常饲养獭兔时，应当根据它们的这一生物钟，合理安排饲养时间。晚上需要提供充足的饲料和水源，特别是在冬季夜晚较长的时候更需注意。这样的饲养安排可以更好地满足獭兔的生理需求，保持它们的健康和活力。

（七）嗜睡性

獭兔具有明显的嗜睡性，即在特定条件下，它们容易陷入困倦或睡眠状态，且除了对听觉刺激较为敏感，对视觉或痛觉的刺激反应较弱。这种特性在养殖管理中非常有用，可以在獭兔处于困倦或半睡眠状态时进行一些简单的操作，如打耳号、公兔去势、注射、处理伤口、强制哺乳等，以减少对獭兔造成应激。

实际上，可以通过特定的方法人工催眠獭兔。通常是让獭兔仰卧，一只手轻轻按摩其太阳穴，另一只手在其胸腹部顺毛方向轻柔抚摸。在这一过程中，保持环境安静是非常重要的。不久，獭兔就会进入睡眠状态。利用獭兔的嗜睡性，可以在必要时进行一些必要的兽医操作，从而减少对它们的惊吓和压力。

（八）易惊性

獭兔天性胆小，对外界环境变化和声音极其敏感，表现出明显的易惊性。它们的听觉特别灵敏，任何异常的响声都可能导致它们感到极度紧张和不安。例如，当陌生人靠近或有如猫狗等动物意外闯入时，獭兔可能会在笼内不安地跳动，甚至用后腿拍打地板等，表达其不安和恐惧。

　　这种易惊性对獭兔的健康和繁殖有着明显的负面影响。怀孕的母兔在受到惊吓时，可能会发生流产、早产或停止生产；哺乳期的母兔在惊吓后可能会减少乳汁分泌，拒绝喂养仔兔，甚至可能会伤害甚至踏死仔兔；而幼兔可能会因此出现消化不良、腹泻或肚胀等症状。因此，在日常养殖管理中，避免给獭兔造成不必要的惊吓和压力是非常重要的，以保障它们的健康和生长。

（九）爱清洁、喜干燥

　　獭兔具有喜爱干净和干燥环境的天性。由于它们对疾病的抵抗力相对较弱，潮湿和不洁的环境容易导致病原微生物的滋生，增加患病的风险。因此，獭兔往往会展现出对清洁和干燥环境的偏好。这可以从它们常在干燥地方休息、在固定位置排便排尿，以及经常用舌头舔舐自己的被毛以去除身上的污垢等行为中观察到。

　　在兔场和兔舍的建设以及日常饲养管理中，遵循干燥、清洁的原则是非常重要的。这包括合理选择养殖场地，科学设计兔舍和兔笼，以及定期对兔舍和笼具进行清洁和消毒。通过这些措施，可以有效减少疾病的发生，并提高兔皮的质量。

（十）易发脚皮炎

　　獭兔由于其跖行性的特点，足底虽然毛发密集，但并不耐磨。这容易导致它们的足底毛被磨损，暴露出皮肤并引发炎症，这种情况被称为脚皮炎。尤其当獭兔居住在金属网丝构成的笼底，或者笼底固定的竹条钉子外露，以及环境潮湿闷热时，脚皮炎的发生率更高。患病的獭兔会表现出采食量下降、毛皮质量变差的症状，严重时甚至可能消瘦及死亡。

　　为了预防这种情况，建议使用竹板制作獭兔笼底板，并确保竹板上的竹节被锉平，固定竹板的钉子不应外露。如果已使用金属网丝作为笼底，可以在笼内放置一块约 25cm 见方的木板，让獭兔可以在上面休息和躺卧。保持兔笼的干燥和清洁也是预防脚皮炎的重要措施。此外，在选择獭兔种用时，应优先选择那些脚底绒毛较为丰厚的个体。在饲养过程中，还需要定期检查獭兔的足底，以便早期发现问题并进行治疗。

二、生理特征

（一）獭兔的食性

獭兔作为单胃的草食性动物，主要以植物性饲料为食，对食物有一定的选择性。它们偏爱豆科、十字花科、菊科等多叶性植物，而对禾本科植物和直叶脉的植物（如稻草）的兴趣较小。獭兔更倾向食用植物的幼嫩部分，并且相比采割后的植物，更喜欢采食生长在地面上的植物。

在饲料的选择上，獭兔偏好颗粒料，而不太喜欢粉状或湿粉状饲料。食用颗粒料可以提高饲料的消化率，加快生长速度，降低消化道疾病的发病率，并减少饲料浪费。獭兔还喜爱含油脂较高的植物性饲料，油脂中的芳香味可以吸引獭兔采食，同时油脂中的必需脂肪酸有助于脂溶性维生素的补充和吸收。一般在饲料中添加 2% 至 5% 的油脂，能提升日粮的适口性，增加獭兔的采食量和生长速度。

獭兔的味觉非常发达，尤其对甜味较为敏感，这使得它们更为偏好甜味饲料，适宜的添加量为 2% 至 3%。这种偏好有助于提高饲料的适口性和增加采食量。综上所述，在饲养獭兔时，合理选择和配比饲料成分至关重要，以满足它们的营养需求和口味偏好。

（二）消化生理特征

1.消化器官特点

獭兔作为单胃的草食性动物，具备一系列适应食草习性的消化器官特点。它们的上唇具有纵向裂开的结构，门齿外露，便于采食和处理食物。獭兔拥有六枚门齿，包括上颌的两枚大门齿和其后的两枚小门齿，以及下颌的两枚门齿。这些门齿呈凿形咬合状，使獭兔能够有效地切断和磨碎食物，适合采食矮生草本、树叶、树枝和树皮。獭兔没有犬齿，其臼齿的咀嚼面宽广，带有横脊，非常适合研磨草料。

在獭兔的消化系统中，胃占消化道容积的 34%，小肠占 11%，结肠占 6%，而盲肠则高达 49%。其大肠和小肠的长度约为体长的 10 倍。獭兔盲肠的发达程度非常显著，里面富含大量微生物，这些微生物发挥着类似瘤胃的消化作用。正是因为这种独特的消化道结构和生理功能，使得獭兔形成了与其他草食性动物不同的消化特性。

2. 特异的淋巴球囊

獭兔具有一种独特的解剖结构，即淋巴球囊，位于回肠与盲肠的交接处。这个球囊呈圆形、膨大和中空，且壁体较厚，是獭兔特有的器官。淋巴球囊具有三种重要的生理功能：机械作用、吸收作用和分泌作用。

当回肠内的食糜进入淋巴球囊时，球囊首先利用其发达的肌肉组织进行压榨，帮助獭兔进一步消化食物。其次，消化后的产物在球囊内被大量吸收，这得益于球囊壁上分布的众多分支绒毛。最后，淋巴球囊还会分泌出碱性液体，这种液体可以中和微生物生命活动产生的有机酸，从而维持盲肠内的 pH 环境稳定，有利于微生物的繁殖和饲草中粗纤维的消化（如图 2-5 所示）。总体来说，淋巴球囊的存在对獭兔的消化过程具有重要的调节和促进作用，是其消化系统中的一个关键组成部分。

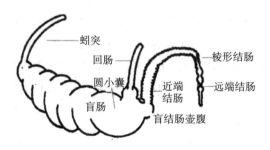

蚓突

回肠

棱形结肠

圆小囊

近端结肠

远端结肠

盲肠

盲结肠壶腹

图 2-5　獭兔消化道圆小囊结构

3. 对营养成分利用

獭兔对饲料中的营养成分有着高效的利用能力。它们不仅能有效消化优质饲料中的蛋白质，如苜蓿粉中粗蛋白质的消化率大约为75%，这一比例高于马（74%）和猪（不超过50%）。獭兔还能有效利用低质量、高纤维的粗饲料中的蛋白质，如全株玉米制成的颗粒料中粗蛋白质的消化率大约为80.2%，远高于马的52%的消化率。

在粗脂肪的消化率方面，獭兔同样表现出色，比马属动物要高得多，甚至可以利用脂肪含量高达20%的饲料。然而，当饲料中的脂肪含量在10%以内时，獭兔的采食量会随着脂肪含量的增加而提高；但如果脂肪含量超过10%，它们的采食量则会随之下降。这表明獭兔不适合食用脂肪含量过高的饲料。

獭兔对饲料能量的利用能力略低，这与饲料中的纤维含量有关。纤维含量越高，獭兔对能量的利用效率越低。例如，在苜蓿草粉中，獭兔对粗纤维的利用率约为马的46.7%；在配合饲料中，这一比例为46.9%；而在全株玉米颗粒料中，这一比例为52.6%。因此，虽然獭兔对粗纤维的利用能力有限，但在其他营养成分的消化吸收方面表现出较高的效率。

4. 幼兔肠道的特异性

幼兔的肠道结构具有一些独特的特点，这对于它们的健康和生长至关重要。幼兔的肠道相对较长，以50日龄为例，其肠道总长度约为396cm，与体长（28cm）的比例为1∶14.1，这一比例高于成年兔的1∶10。这表明幼兔的肠道比成年兔更长，更适合于消化和吸收。幼兔的肠道黏膜分泌和吸收面积相对较大，这有助于营养物质的吸收。然而，幼兔肠上皮细胞之间的连接不如成年兔紧密，这可能导致细菌毒素、未完全消化的产物和未吸收的胆汁酸等破坏肠黏膜的完整性，损害细胞间的紧密连接。这会导致肠黏膜的通透性增加，使得幼兔更容易受到毒和消化系统疾病的影响。幼兔的肠壁特别薄，通透性比成年兔高。在肠黏膜发炎的情况下，肠道通透性会进一步增加，血液中的水分和电解质大量流入肠内，同时肠道内的毒素和未完全消化的产物被吸收入血液中，容易引发中毒。因此，幼兔在患消化道疾病时症状特别严重，死亡率高。加强幼兔的饲养管理，防止消化不良和腹泻的发生，对于提高幼兔的成活率至关重要。适当的饲养管理可以有效降低这些健康风险，确保幼兔的健康成长。

（三）獭兔食粪特性

獭兔的食粪特性是它们的一种本能行为，指的是獭兔会食用自己排泄的某些类型的粪便（软粪）。尽管这种行为在动物界中并不常见，与其他动物的食粪癖有所不同，但其是一种正常的生理现象，而非病理性行为。

獭兔通常会排泄两种不同类型的粪便：硬粪和软粪（软粪如图2-6所示）。硬粪呈粒状、干燥且表面粗糙，数量较多，颜色根据所食饲草种类不同而有所变化，通常为不同深浅的褐色。软粪则呈念珠状、质地软、表面细腻光滑，数量较少，通常为黑色。成年獭兔每天排出的软粪大约在50g，约占总粪量的10%。一般来说，獭兔在进食后8至12小时内就会开始排泄软粪。

软粪和硬粪在营养成分上基本相同，但含量有所不同。在正常情况下，獭兔会在进食后食用软粪。它们通常会立即吃掉刚排出的软粪，稍加咀嚼后便吞咽（图2-7）。值得注意的是，生病的獭兔、无菌兔或摘除盲肠的獭兔不会表现出食粪行为。在非正常情况下，獭兔也可能食用硬粪。食粪行为对獭兔来说是一种重要的营养循环方式，有助于它们更充分地吸收和利用营养物质。

图 2-6　獭兔软粪

图 2-7　獭兔的食粪行为

獭兔的食粪行为在维持其消化道内正常微生物区系方面发挥着关键作用。当獭兔排泄粪便时，一些有益的微生物也随之被排出体外，这可能导致消化道内微生物群落的减少，从而影响獭兔对纤维的消化能力。通过食用软粪，獭兔能够将这些有益微生物重新带回消化道，从而增强消化道内微生物的数量和活力，提高其对纤维的消化能力。

食粪行为实际上相当于延长了消化道的长度及饲料在消化道中的逗留时间，使得饲料得以多次进行消化和吸收，进而提高了饲料中各种营养成分的消化率。在正常情况下，禁止獭兔食粪会对其健康造成不良影响。研究表明，当獭兔被禁止食粪30天后，它们的体重以及消化器官的容积和重量都会减轻。正常食粪时，獭兔体重可以达到3.0kg，消化器官总重为 485g，营养物质的消化率为 64.6%。而一旦禁止食粪，獭兔的体重会降至 2.67kg，消化器官总重降至 276g，营养物质的消化率降至 59.5%。可以看出，食粪行为对于獭兔的健康和营养吸收至关重要。

（四）繁殖特性

1.獭兔具有很强的繁殖力

獭兔以其卓越的繁殖能力而著称，表现在多个方面：性成熟早、妊娠期短、世代间隔时间短，以及一年四季均可繁殖和高窝产仔数。獭兔的仔兔在 5 至 6 个月龄时就开始发情，并可参与配种。妊娠期仅为 30 至 31 天，哺乳期则持续 28 至 42 天。断奶后仅 1 至 3 天，母兔便可再次发情并参与配种。

在一般饲养条件下，獭兔一年可繁殖约 4 窝。而在良好的集约化生产条件下，每只繁殖母兔每年可产 6 至 7 窝仔兔，每窝可成活 6 至 7 只。这意味着一年内，每只母兔能够育成大约 40 至 50 只仔兔。这种高效的繁殖能力使得獭兔在养殖业中具有重要的经济价值，尤其适合大规模的养殖。

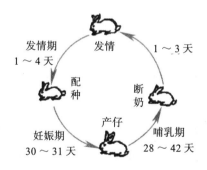

图 2-8　母兔的繁殖周期

2.獭兔属于刺激性排卵的动物

獭兔是一种典型的刺激性排卵动物，其排卵过程依赖交配的刺激。在獭兔的卵巢内，当卵泡发育成熟后，需要通过交配的刺激才能促使卵子排出。通常情况下，排卵会在交配后的 10 到 12 小时内发生。如果母兔在发情期内没有进行交配，它将不会排卵，成熟的卵泡则会逐渐衰老、退化，最终在 10 到 16 天内被机体吸收。

母兔即使在发情期间未进行交配，通过给母兔注射人绒毛膜雌二醇（HCG）也能诱导其排卵。这种特性对于獭兔的繁殖管理具有重要意义，使得养殖者能够更有效地控制繁殖过程和提高繁殖效率。

3. 獭兔胚胎在着床前后的损失率较高

獭兔的胚胎在着床前后存在较高的损失率。具体来说，着床前后的总损失率达到 29.7%，其中着床前的损失率为 11.4%，而着床后的损失率为 18.3%。研究发现，对着床后胚胎损失率影响最大的因素是獭兔母体的肥胖。在交配后第 9 日的胚胎存活情况中，肥胖的母兔胚胎死亡率高达 44%，而中等体况的母兔胚胎死亡率则为 18%。从产仔数量来看，肥胖的母兔平均每窝产仔 3 至 5 只，而中等体况的母兔则平均每窝产仔 6 只以上。

母兔体内脂肪过多时，会因脂肪沉积压迫生殖器官而导致卵巢和输卵管的容积减小，从而影响胚胎的正常发育，降低受胎率和早期胎儿的存活率。除此之外，高温应激、群体惊吓、过度消瘦、疾病等因素也会对胚胎的存活产生不利影响。特别是外界温度超过 30℃时，6 日龄的胚胎死亡率可能高达 24% 至 45%。合理控制母兔的体况、避免应激和确保适宜的环境温度对于提高獭兔的繁殖成功率至关重要。

4. 獭兔假孕的比例高

獭兔中假孕的现象较为普遍，是其生殖特性中的一个重要方面。假孕指的是母兔在经历诱导刺激排卵但未实际受孕的情况下，仍表现出妊娠反应，如腹部增大、乳腺发育等妊娠症状。在饲养管理条件不佳的情况下，兔群中的假孕率可高达 30%。

在正常的妊娠过程中，妊娠第 16 天之后，由胎盘分泌的激素会使黄体继续存在。然而，在假孕的情况下，由于母体内没有胎盘的存在，黄体在妊娠的第 16 天后开始退化。此时，母兔会表现出临产行为，如衔草拔毛做窝，甚至乳腺会分泌少量乳汁。假孕通常持续大约 16 至 18 天。因此，了解和识别假孕现象对于獭兔繁殖管理非常重要，可以帮助养殖者更准确地评估繁殖效果并采取适当的管理措施。

5. 獭兔的性成熟与适配年龄

獭兔一般在 3.5 至 4 个月龄达到性成熟。通常情况下，白色獭兔的性成熟时间稍微早于有色獭兔。在性别方面，母兔通常比公兔更早达到性成熟。饲养条件良好、营养状态优越的獭兔比那些营养状况不佳的个体更早成熟。季节也是一个影响性成熟的因素，早春出生的仔兔比晚秋或冬季出生的仔兔性成熟得早。

在正常的饲养管理条件下，獭兔的适宜配种年龄是 5 到 6 个月龄，此时它们的体重大约保持在 3kg。合理确定配种年龄对于保证繁殖效果和兔群健康非常重要，过早或过晚的配种都可能影响繁殖效率和仔兔的健康。

（五）体温调节特点

獭兔作为恒温动物，具有一定的体温调节特性。它们的正常体温一般在 38.5 ～ 39.5℃之间，能在 5 ～ 30℃的环境温度下维持正常生理功能。然而，当外界气温超出这个范围时，獭兔的生产性能会受到影响，因此在兔舍中调节温度以保持在最佳范围内对獭兔的健康和生产性能至关重要。

獭兔的体温调节能力并不强，主要原因是它们被毛密而汗腺少，汗腺仅在唇周围和鼠蹊部有分布。因此，獭兔主要依赖呼吸来散热。在持续高温环境下，獭兔容易受到热应激，尤其容易发生中暑。研究表明，当环境温度超过 32℃时，獭兔的生长和繁殖能力显著下降，长期处于 35℃或更高温度的环境中会导致其死亡。相比之下，成年兔能够在防雨、防风的条件下承受低于 0℃的寒冷环境，说明它们更耐寒。

对于仔兔来说，它们对冷特别敏感。初生的仔兔全身无毛，体温调节机能较差，体温不稳定，直到出生后第10天，体温才趋于恒定。到了出生30天后，随着被毛的基本形成，仔兔对外界环境的适应能力得到增强。不同生理阶段的獭兔对环境温度的需求也不同，初生仔兔需要较高的温度，最适宜的温度在30～32℃之间；而成年兔的适宜温度则在15～20℃之间。总体来说，适合獭兔生长和繁殖的环境温度为15～25℃。

（六）生长发育规律

獭兔的生长发育遵循一定的规律。初生的仔兔体表无毛，耳朵和眼睛闭塞，身体各系统尚未完全发育，特别是在体温调节和感觉功能方面表现较差。在出生后的3到4天内，仔兔开始生长绒毛，到了11至12天时开始睁眼并获得视觉能力。大约在16到18天时，仔兔开始离开巢穴，尝试食用饲料。

仔兔的体重增长速度较快。一般情况下，仔兔初生时体重在40至60g之间，一周后体重可增加一倍以上。到了4周龄时，其体重约占成年兔体重的12%，而在8周龄时则达到成年兔体重的40%。8周龄之后，生长速度开始逐渐减缓。

不同品系的獭兔其生长速度也存在差异。例如，德系和法系獭兔的增重速度通常高于美系獭兔，白色獭兔的生长速度则通常高于有色獭兔。性别方面，8周龄之前，公母兔的增重差异并不明显，但8周龄之后，母兔的生长速度通常会超过公兔，因此成年母兔的体重一般大于公兔。母兔的泌乳力和窝产仔数也会影响幼兔的早期生长发育。

总的来说，獭兔在性成熟前的生长速度较快，饲料利用率最高。一旦达到性成熟，其生长速度会变慢，饲料利用率也会降低。在养殖商品獭兔时，应充分利用这一生长特性，在其生长早期提供营养丰富的饲料，并加强管理，以最大化其生产潜力，获取更高的经济效益。

（七）换毛规律

为适应外界环境的变化，獭兔会有规律地进行换毛。其换毛分为年龄性换毛和季节性换毛。

1. 年龄性换毛

獭兔的年龄性换毛主要发生在幼兔和青年兔阶段，包括两个主要的换毛期。第一次年龄性换毛通常在仔兔出生后的 30 日龄左右开始。仔兔从出生后第 3 天开始长绒毛，一直到 30 日龄时绒毛基本长齐。从这个时期开始，毛发逐渐脱换，直到 130 至 150 日龄左右结束，尤其在 30 至 90 日龄期间换毛最为显著。这一阶段结束后的獭兔毛皮品质较好，因此，屠宰取皮最佳的时间通常是第一次年龄性换毛结束时。

獭兔的第二次年龄性换毛大约在 180 日龄时开始，持续至 210 至 240 日龄结束。这一换毛期持续时间较长，可能长达 4 至 5 个月，并且受季节变化的影响较大。例如，如果第一次年龄性换毛恰逢春季或秋季的换毛季节结束，獭兔可能会立即开始第二次年龄性换毛。理论上，第二次年龄性换毛后的獭兔毛皮品质最佳，且皮张较大，但由于饲养时间较长，饲养成本提高经济效益并不理想。因此，在实际养殖中，獭兔通常在第一次换毛结束时进行屠宰取皮。

2. 季节性换毛

成年獭兔的季节性换毛主要包括春季换毛和秋季换毛。春季换毛在北方地区通常发生在 3 月初到 4 月底，而在南方地区则普遍在 3 月中旬至 4 月底进行。至于秋季换毛，北方地区一般在 9 月初至 11 月底，南方地区则在 9 月中旬至 11 月底。

季节性换毛的持续时间与多种因素有关，包括季节的变化情况、年龄、健康状况以及饲养水平。一般来说，春季换毛的持续时间较短，而秋季换毛则持续时间较长。季节性换毛对獭兔的饲养管理具有一定的影响，养殖者需要留意这些周期性的变化，以便更好地调整饲养策略和保持獭兔的健康状态。

　　獭兔的换毛过程通常首先从颈部开始，其次扩展到背部，最后逐渐覆盖到侧身、腹部和臀部。无论是春季还是秋季，换毛的顺序基本相同，但春季换毛后，颈部的毛发会在夏季持续更新，而在秋季则不会出现这种情况。在换毛期间，獭兔的体质会变得较为脆弱，消化能力下降，对气候变化的适应性也会减弱，因此更容易受到寒冷的影响，导致感冒。

第三章　獭兔的遗传育种

第一节　獭兔的遗传知识

獭兔有自己独特的毛型和色型的遗传规律，了解并掌握这些遗传规律，对养好獭兔、提高其毛皮质量有着极其重要的意义。

一、色素形成

獭兔毛纤维呈现出多样化的颜色，主要归因于其中存在的色素。色素主要分为黑色素和叶黄素两种类型。其中，黑色素又分为褐色素和常黑色素。褐色素为圆形红色颗粒，易溶于碱性溶液；常黑色素则包括黑色和棕色两种色素类型，其可溶性均较褐色素更低。叶黄素则直接来源于獭兔所摄取的饲料。这些色素的形成是由酪氨酸和苯丙氨酸在不同氧化酶作用下产生的，而这些酶系统对温度的变化极为敏感。例如，加利福尼亚色型獭兔的身体大部分为白色，但在温度较低的鼻端、耳朵、四肢下部及尾部等区域呈现黑色。这些部位的颜色深浅随着气候变化而有所不同，冬季较深，夏季则因氧化酶活性下降而变浅。

獭兔毛发中的黑色素细胞主要位于毛纤维的皮质层。獭兔出现各种毛色类型的主要原因是色素的性质、数量、颗粒形状、分布方式及酶作用等因素的差异，而这些因素大多由基因所控制。

二、色型遗传

獭兔色型的遗传受到多个基因的控制，经过广泛的杂交实验和基因分析，已经明确了短毛型主要由三对隐性基因控制，分别是 r_1r_1，r_2r_2、r_3r_3。这些基因并非位于同一基因座。已知 r_1 和 r_2 基因连锁在第Ⅲ号染色体的不同位点上，而 r_3 基因位于另一条染色体上。与之相对的等位基因 R_1、R_2 和 R_3 都具备产生普通短毛的能力。实验表明，不同色型獭兔间的杂交，特别是 r 基因与多种毛色基因的组合，会产生各种不同的色泽类型。下面是獭兔的一些常见色型及其对应的基因符号及色型特征。

白色獭兔（ccrr）：被毛洁白且富有光泽。

黑色獭兔（aarr）：被毛呈纯黑色，柔软绒密。

红色獭兔（eerr）：被毛为深红色。

蓝色獭兔（aaddrr）：被毛纯蓝，质地柔软。

青紫蓝獭兔（$c^{ch}c^{ch}rr$）：被毛基部瓦蓝色，中段珍珠灰色，毛尖黑色。

加利福尼亚色獭兔（$aac^{H}c^{H}rr$）：鼻端、耳朵、四肢下部及尾部黑色，其余部位纯白。

海狸色獭兔（rr）：被毛为红棕色，毛纤维基部瓦蓝色，中段呈深橙色或黑褐色，毛尖带黑色。

巧克力色獭兔（aabbrr）：被毛为棕褐色，毛纤维基部珍珠灰色，毛尖深褐色。

蛋白石色獭兔（aabbddrr）：被毛为白石色，毛纤维基部深瓦蓝色，中段金褐色，毛尖呈紫蓝色。

猞猁色獭兔（bbddrr）：被毛类似山猫色，毛基部白色，中段金黄色，毛尖带淡紫色。

紫貂色獭兔（$aac^{ch}c^{ch}rr$）：背部黑褐色，腹部、四肢栗褐色，颈、耳、四肢深褐色或黑褐色，体侧紫褐色。

海豹色獭兔（$c^{chm}c^{chm}rr$）：被毛黑色或深褐色，类似海豹色，体侧、腹部毛色较浅。

水獭色獭兔（bbrr）：被毛深棕色，腹部浅棕色或者乳黄色，颈、胸部呈深灰色。

花色獭兔（E^nE^nrr）：白色底杂有 1 到 2 种其他斑点。

这些色型的形成是由于獭兔体内色素的性质、数量、颗粒形状、分布方式以及酶的作用等因素的差异，而这些因素通常由基因所控制。

三、毛型遗传

家兔的毛纤维长度大致可分为三种类型：普通家兔、长毛兔（如安哥拉兔），以及短毛兔（如獭兔）。普通家兔的毛纤维长度约为 3 至 3.5cm，是常见的肉用兔类型；安哥拉兔的毛纤维长度达 6 至 10cm；而獭兔的毛纤维长度则在 1.3 至 2.2cm 之间。

在遗传方面，獭兔的短毛型相较普通兔来说是一种隐性遗传。当獭兔（rr）与普通兔（CC）杂交，其子一代（F^1）完全呈现为普通毛型。而当这些子一代互相交配，其子二代（F^2）中既有普通毛型，也有獭兔的极短毛型，比例约为 3:1。獭兔与普通兔杂交毛型遗传规律如图 3-1 所示。

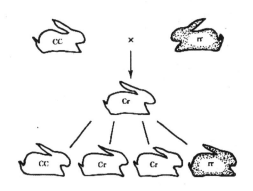

图 3-1　獭兔与普通兔杂交毛型遗传规律

在复杂的遗传组合中，如涉及两对基因控制的杂交时，可以产生 16 种不同的基因组合，导致 4 种不同类型的兔子出现。类似地，涉及三对基因的杂交会产生 64 种基因组合，可能出现 8 种表现型。这些比例通常符合 3:1 的分离规律。例如，当海狸色獭兔（rr）与哈瓦那兔（aabb）杂交时，子二代可能出现的 8 种表现型比例为 27:9:9:9:3:3:3:1。

涉及两对或更多对基因控制的性状分离时，可能因为基因之间的相互作用而产生更复杂和数量不等的变异类型。这些杂交实验中的变异比例表明，即使在复杂的遗传背景下，基因的独立分配方式仍可应用于遗传性状传递的预测。

第二节　獭兔的育种措施

为确保育种方案的有效实施，必须采取一系列细致的育种措施。

首先，建立种兔系谱制度至关重要，这要求对符合种兔标准的个体进行详细登记，包括血统品质及其祖先的耳号，以确保种兔的遗传信息准确传递。另外，应建立种兔验收制度，确保所有基础公母兔均经过省级育种专业人员的严格鉴定，并在省育种委员会进行备案存档。待售种兔必须经过种兔管理小组的鉴定验收，且配发种兔系谱卡片后方可出售。

其次，每年进行一次种兔良种登记，以识别并公布评定为良种的獭兔，进而在协会刊物及相关养兔刊物中发布，以加速良种的推广。此项活动由省育种委员会组织执行。同时，定期举办省级及县级獭兔比赛大会，旨在评选优秀品种，并通过结合交易交流会和学术讨论会等活动，进一步推动獭兔育种工作的开展。

再次，实施品系育种也是提高獭兔品质的重要手段，目前关注度较高的是不同色型的獭兔。这包括大体型品系、高密度品系、高繁殖力品系和高抗病品系，每个品系都有其独有的特点和育种目标。品系育种作为纯种繁育的高级阶段，其实施须根据育种工作的进展情况而定，条件优越的育种场还可尝试杂交育种，培育新的獭兔品型。

最后，建立育种核心场站对于育种工作的成功至关重要。这些核心场站以技术条件和设备配置优良为基础，承担着培养优秀种兔、示范育种措施和推动獭兔育种工作的重要任务。通过这些综合措施，可以有效地提升獭兔育种的效率和质量。

獭兔的育种工作涉及面广，所需时间也较长。因此，要迅速、有效地完成育种工作任务，必须有明确的育种方向、相应的育种组织和制定合适的措施。

一、育种方向

在獭兔的育种过程中，必须确立明确且专一的育种目标。作为以皮毛生产为主要用途的兔种，獭兔育种的核心原则应基于其作为优质皮毛来源的特性。育种过程中的关键考量应包括獭兔毛皮的品质，如绒毛的丰厚度和均匀性、毛色的纯正性和光泽度，以及皮板的强度和耐用性。育种工作还应重视对獭兔的饲养效率，包括对粗饲料的耐受性、快速的生长速度、较大的体型以及高产仔能力。

二、育种组织

为了系统地推进獭兔育种工作，各地相继成立了家兔育种合作组织，涵盖了农业院校、科研机构、技术行政部门以及专业育种兔场等多个单位。这些合作组织通常具有跨区域性质，其主要职责包括研究育种的技术难题，提出改进建议，汇总与分享育种经验，并进行新品种或品系的鉴定工作。

三、育种计划

制订獭兔育种计划时，无论是开发新品种（品系）还是改良现有品种（品系），都需要一个详尽的计划。这一计划应涵盖以下要素：当前兔群的基本情况（包括数量和质量，以及饲养管理条件）、育种目标（包括预期达到的关键指标，如毛色、体型、体重、繁殖能力和适应性），以及具体的育种措施（如育种方法、选种方法、配种方法、培育制度和防疫措施等）。

四、育种记载

在獭兔育种与生产过程中，进行详细的记录工作是必不可少的。这包括对个体的编号、体重和体尺等关键数据的记录。

对于编号，一般采用专门设计的耳号钳来进行。若没有专用的耳号钳，也可以使用消毒后的大头针来刺穿獭兔耳朵形成数字代码，并涂上油墨或醋酸铅标记以便识别。关于体重的测量内容，通常包括记录初生窝重、断奶窝重，以及 3 个月龄、6 个月龄和一周岁时的体重。所有的称重操作均应在早晨空腹时进行。

在测量种兔的体尺时，通常只需要测定体长和胸围。体长是指从鼻端到坐骨端之间的直线距离，而胸围则是指从肩胛后缘绕胸廓一周的长度。这些细致的记录对于评估育种效果和调整育种策略都有重要意义。

五、种兔档案

种兔档案是育种、繁殖和饲养管理工作中不可缺少的资料，主要靠日常记录来提供。常用的有种兔卡、母兔配种繁殖记录、公兔配种记录表以及种兔生长发育记录表等。

对于成年公兔和母兔，应该制作详细的种兔记录卡，记录应包括兔子编号、血统系谱、生长发展情况以及生产性能等信息。在种兔的配种繁殖记录中，对于母兔，应详细记录其配种次数、配种日期、分娩日期、产仔数量、初生重量和断奶重量等数据；对于公兔，则应记录其首次配种的年龄和体重、配种日期以及配种的效果等。

种兔的生长发育记录应包括其出生时的体重、断奶时的体重、3个月龄时的体重和体尺、6个月龄时的体重和体尺，以及成年时的体重和体尺等关键数据。这些记录对于评估种兔的生长状况和生产能力有重要意义，也是未来育种计划制订和调整的重要依据。

第三节　獭兔的育种技术

无论是为了培育新的獭兔品系或保持现有种兔的品质不退化，还是以销售种兔为目的的养兔户或兔场，都需要实施一系列育种措施。这些措施包括给兔子编号以便于识别，进行必要的性能测试，以及维护详尽的记录和档案。下面将对这些关键的育种措施进行简要的介绍，以便于更好地理解它们的重要性和执行方法。

一、编号

在獭兔育种中，给种兔编号是一项至关重要的工作。没有编号的种兔将无法被准确记录和追踪，从而无法了解其任何重要信息。因此，建议在獭兔断奶时给它们标上编号。这些编号通常被放置在兔子的耳部。编号的编排可以自定，但应能反映出兔子的品种、品系、出生年月以及其在兔群中的序号。一旦编号确定后，不能任意更改，因为它与系谱记录息息相关，是跟踪和管理育种过程的关键。编号的方法有以下几种。

（一）刺号

在獭兔育种中，标记耳号是一种常用的编号方法，它涉及在耳部内侧进行刺穿皮肤并涂抹墨汁，使编号永久性地留在皮肤下。这种方法有两种常见的工具和做法。

耳号钳：这是一种专门用于刺打耳号的工具。使用时，先将钳子压在耳部，再在穿孔处涂抹墨汁。

手工方法：使用尖锐的针或磨尖的蘸水笔手工刺穿耳部，随后涂上墨水。这里的墨水可以是醋墨，即用醋和墨的混合物（比例大约为3：7），也可以使用普通墨水，但要注意墨水的浓稠度适中。

在打耳号之前，应先使用酒精对耳部皮肤进行消毒，以防止感染。这种耳号方法能有效地保证编号的持久性和可读性，是獭兔育种管理中的一项基本和重要的操作。

（二）标号

标号是另一种给獭兔标记编号的方法，它涉及使用特制的耳标，将其压在兔子的耳部。这种方法的一个潜在问题是耳标有时可能会脱落，从而使得兔子的编号难以识别，因此在稳定性方面它可能不如刺号方法可靠。然而，标号的优点在于它比刺号更为清晰易读，且打标的过程也相对更快捷。尽管如此，在选择标号作为编号方式时，还需要考虑到耳标可能脱落的风险，并在必要时采取相应的措施来确保标记的持久性。

二、体重和体尺的测量

对獭兔进行体重和体尺的测量是了解其生长发育情况以及判别其品种性能的重要手段。作为小型动物，兔子的体重测量可以简单地通过使用秤来完成。为了获得准确的体重数据，建议在早晨喂食前进行称重，并连续测量两天，取其平均值，这样可以避免食物摄入量的差异对体重数据的影响。

体尺的测量主要包括体长和胸围两个方面，也可以考虑测量耳长和耳宽来作为品种特征的补充指标。具体操作方法如下。

胸围测量：使用卷尺在兔子肩胛骨后方绕胸一周进行测量，注意卷尺不要过松或过紧，应保持自然。

体长测量：让兔子趴卧在地面上，使用直尺测量从鼻端至尾根的直线距离。

耳长测量：从耳尖测量到耳根的距离。

耳宽测量：测量耳朵最宽处的距离。

这些测量不仅有助于监测獭兔的健康状况，还可以作为评估其品种特性的有用工具。

三、生产性能的测定

无论是进行选种选配，还是要了解兔群的品质，都需要了解其生产力情况如何。獭兔常用的生产力有三项：毛皮质量、产肉力和繁殖力。

（一）毛皮质量

獭兔的毛皮质量是衡量其生产性能的关键指标之一，通常通过综合评定毛皮的优劣来衡量。在评估毛皮质量时，重点考虑的是毛皮的特质，除了毛发的长度、均匀性、细腻度、密度、牢固程度以及美观性等方面，同时还要考虑皮张的面积。这些因素共同构成了毛皮质量的综合评价标准。

（二）产肉力

獭兔的产肉力是其另一项重要的经济性能指标，作为皮肉兼用兔，其产肉力的相关性状包括体重、断奶重、生长速度、饲料消耗比、屠宰前活重、屠宰率和胴体品质等多个方面。由于獭兔断奶和屠宰的月龄较为统一，因此目前常用的产肉力指标主要包括以下几种。

（1）屠宰前活重。獭兔通常在 5 至 6 个月龄屠宰，这是经济上最合算的时间点。体重太小或皮面积小的獭兔价格较低，而体重过大的獭兔饲料消耗量增大，成本升高。一般来说，獭兔在 160 天左右宰杀最佳，但这需要根据实际生长速度进行调整。

（2）断奶体重。商品獭兔的断奶时间通常早于种兔，以增加母兔一年的繁殖窝数。目前，商品獭兔多在 28 至 30 天断奶，其中以 28 天最为常见，在断奶时需测量每只兔子的体重。

（3）生长速度主要关注的是断奶后至屠宰前的生长速度。

（4）屠宰率是指胴体占活体重的比例。屠宰时如果杂碎多，胴体所占比例小，屠宰率就会降低。全尽膛胴体重指的是屠宰后去除内脏、皮、头、蹄后的体重。半尽膛体重则是去除内脏时保留肾脏、肝脏和心脏。

（5）饲料消耗比是评估獭兔养殖经济效益的一个关键指标，它直接关联到养殖企业的盈亏状况。这一指标衡量的是实现单位体重增长所需的饲料量。通常情况下，每增重 0.5kg 所需的饲料越少，意味着成本越低，从而能够带来更多的利润。一般而言，可以通过测量从断奶到屠宰期间的体重增长与饲料消耗量来确定这一比例。对于任何有条件的獭兔养殖场来说，计算和优化饲料消耗比是提高经济效益的重要策略。

（三）繁殖力

獭兔的繁殖力是衡量其繁殖性能优劣的关键指标，主要包括受胎率、产仔率、成活率和泌乳力等方面，其中较为重要的是产仔数和泌乳力。产仔数指的是母兔平均每窝所产活仔的数量。过去常以一年中最多两窝的平均数来衡量，但这通常需要等待一年时间来观察结果。目前，更常见的做法是使用连续四窝活仔数的平均值来衡量其繁殖力。

泌乳力是衡量獭兔母兔泌乳性能的指标。由于直接测量泌乳量较为困难，因此通常通过仔兔的总体重增长来间接评估泌乳状况。这通常在仔兔三周龄时进行测量，即泌乳力等于 21 天时全窝仔兔总重量减去初生时全窝仔兔总重量。母兔的泌乳力越高，仔兔成长得越快、越健壮，成活率也更高。因此，在选种母兔时，泌乳力应作为一个重要的选育指标。在测量泌乳力时，需要注意 21 天时的仔兔数量与初生时的数量应保持一致，如果期间有仔兔夭亡，应根据平均体重从初生时的总重量中扣除，以防泌乳力出现负值的情况。

第四章 獭兔的选种和选配

第一节 獭兔优良种兔的标准

一、品种血统纯正

要选择优秀的种兔，关键在于确保其血统的纯正性和遗传基因的优良性。这可以通过几种方法实现：首先，通过检查种兔的家谱来确认其血统的纯正性；其次，对种兔本身的身体特征和表现进行评估；最后，观察和评价其后代的特征和表现。这些步骤有助于确保所选种兔具有稳定的遗传特性，并能生出表现良好的后代。

二、毛绒品质好，色泽纯正

在选择优质獭兔时，毛绒的品质和色泽是关键的评判标准。理想的獭兔毛绒应该是平滑而均匀的，毛长不应过长或过短，一般保持在1.6cm 左右，不短于 1.3cm 且不长于 2.2cm。毛绒需要非常细致密集，当用嘴吹动毛绒时，不应该看见皮肤。毛绒应感觉厚实、柔软且富有弹性，在触摸时既顺滑凉爽又不像丝绸那样绵软。健康的毛绒不会出现脱毛、掉毛或皮肤病症状，且杂毛极少。毛绒的颜色必须符合特定品种的标准，任何不符合标准的杂色都应视为不合格。

三、体大健壮，外貌良好

在选择种兔时，体型的大和健壮是重要的衡量指标。理想的种兔应具有适宜的体重，强健的体魄和结实的体质，以及良好的生长发育和较强的抗病能力。从外观上看，种兔的头部应宽阔，身体长度适中，各部位发育均匀充实。背部宽阔，两侧紧凑，臀部宽广且圆润丰满。对于成年中型獭兔，公兔的标准体重应在 3.2kg 以上，母兔则应在 3.7kg 以上。

四、繁殖力强

在选择种兔时，繁殖力是一个至关重要的考虑因素。优良的公兔应具有强烈的性欲，睾丸发育对称且均匀，精液品质高，具备强大的配种能力和高受胎率，且能产生表现良好的后代。而母兔则应具有发达的后躯，至少拥有四对乳头，强大的泌乳能力，高产仔率，并且能在一年内产下 5 胎以上，每胎 6 到 8 只幼兔。仔兔的成活率应高于 85%。另外，母兔还应具备强烈的母性本能，能够拉毛垫窝并有效哺育幼仔。

五、无异常表现

在选择种兔时，无异常表现是一个严格的标准，适用于公兔和母兔。需要排除那些在配种过程中遇到困难的个体，以及那些容易流产的个体。产仔数过少（少于 4 只）或过多（超过 12 只）的个体，母性不强的个体，年龄过大或过小的个体，以及患有疾病的个体都不适合作为种兔。同样，那些前三胎内的个体以及后代中存在死精或畸形精子问题的个体也应该被排除在种兔的选择范围之外。

第二节　獭兔的选种

选择优质的种兔是育种工作的关键，因为只有优秀的种兔才能将其优良的遗传特性传递给后代，从而提高整个兔群的经济价值。由于獭兔具有很强的繁殖能力，一只母兔一年可以生育几十只仔兔，而一只公兔则可能产生几百甚至上千只后代。因此，种母兔和种公兔的品质直接影响整个兔群的质量。由于兔子的繁殖率高且更替快，因而选择的空间较大。在选择种兔时必须极为严格，不理想的个体不应用于繁育，以避免劣质基因的传播。

为了避免选种过程中的片面性，对种兔，特别是种公兔的选择需要全面考虑。这包括综合评估种兔的体质、外观、生产性能和遗传能力，以确保挑选出在各方面都优秀的个体作为种用，从而持续提高品种的质量和维持优良品种的稳定性。为了全面评估这些因素，需要对獭兔进行个体鉴定、系谱鉴定和后裔鉴定。

一、个体鉴定

个体鉴定，也称为个体选择，是指对獭兔本身所展现的各种特性进行挑选。这种鉴定主要分为两个方面：一方面是对体质、外观和品种特征的综合评估；另一方面是对獭兔的生产性能的评价。根据生产方向的不同，对生产性能的要求也有所区别。例如，在肉用兔中，除了生长速度和繁殖能力，还需要测定产肉能力、肉质、肉骨比例和饲料转换率等。虽然獭兔主要以生产优质毛皮为目的，但其肉质也是肉类中的佳品，目前全球獭兔育种的趋势是重视毛皮质量的同时，也越来越重视其产肉性能。

在个体选择中，应特别注意那些遗传力较高的性状，因为这些性状受环境影响较小，受遗传影响较大，所以个体选择的效果较为显著。相反，遗传力低的性状主要受环境影响，个体选择的效果不那么明显。通常，质量性状（如毛色、体型、乳头数量）的遗传力比较高，而数量性状的遗传力通常较低，尽管也有例外（如毛长、前70天的生长速度等）。因此，应充分利用个体选择的便利条件，针对遗传力较高的性状进行选择，以更快更好地实现育种目标。

二、系谱鉴定

系谱鉴定，也称为系谱选择，是为了了解种兔的祖先信息。这是基于兔子的许多优良性状是通过亲缘关系传给后代的原理。如果祖先具有多种优良性状，那么后代也更可能继承这些性状。例如，如果祖先个体较大，那么其后代也可能体型较大。然而，这并不是绝对的，仅仅是一种可能性，实际的遗传结果还受到祖先的遗传能力、性状的遗传力以及环境条件的影响。因此，系谱选择是为了增加选择高产种兔的可能性。

在某些情况下，无法直接从后代獭兔观察到其生产性能，如在仔兔和幼兔阶段，此时只能通过了解其祖先的性能来推测它们未来的可能性能。因此，在早期选择种兔时，系谱选择扮演着其他方法无法替代的角色。为了确保种兔质量的提升和品种的纯正性，平时需要做好种兔的记录工作，建立档案，以便在兔子老化或死亡后，其后代仍有祖先系谱可供参考。

一般系谱鉴定需查看至少三代的情况，包括父母、祖父母、外祖父母，以及曾祖父母和曾外祖父母。影响后代最大的是父母代，其次是祖代，再次是曾祖代。因此，在系谱选择时，应重点关注父母代，而不应仅仅关注远祖中的高产者。种兔应当有完整的系谱记录才算合格，没有耳号或系谱记录的兔子很难被认为是优良品种，购买这种兔子将其作为种兔存在被欺骗的风险。

三、后裔鉴定

后裔鉴定是种兔选择中的另一个重要环节。除了评估种兔本身和其祖先的表现，还需要观察其后代的表现。这是一种实际而有效的方法，用来确定种兔的优良性状有多少能够遗传给后代。正规的后裔测定既费时又烦琐，因此对母兔通常只进行大致的了解。然而，对于计划作为种用的公兔，必须进行详细的后裔测定。合格的公兔应大力推广使用，而不合格者应立即淘汰。公兔的影响非常大，一只特别优秀的公兔甚至可以形成一个新的品系或品种。

例如，现在流行的獭兔品种最初是在法国发现的一种毛发细短而密集的变种，经过大量繁殖和选育，形成了现今遍布全球的獭兔品种。要测定一只公兔的后裔，首先需要让这只公兔与 20 只母兔交配，并获得至少 50 只仔兔。其次比较这些仔兔与其母亲在性能上的差异，或者与同期、同月龄的兔群中的仔兔进行比较。如果性能表现高于母亲或同龄群体的仔兔，说明该公兔具有良好的遗传能力，应被选为种用。由于后裔测定需要较大规模的兔群和复杂的统计技术，一般家庭难以进行。如果可能，家庭养兔者最好使用种兔场提供的种公兔。

第三节　獭兔的选配

在养兔生产实践中，常见到这样的现象：即使是同一对种公兔和种母兔，在不同的交配组合下，产生的效果往往大不相同。这是因为不同的公母兔都有自己独特的生理特征。确定哪些交配组合能产生最理想的后代成为每位养兔工作者必须关注的问题，特别是那些致力于种兔选育、希望不断强化种兔基因、提升兔群品质的养兔者，更应注意不同配合可能带来的结果。这就是獭兔选配的关键所在。獭兔选配有以下五种主要情况。

一、同质选配

同质选配在獭兔育种中是以表型相似性为基础的一种方法，即选择性状相似、性能表现一致或育种值相近的优秀公母獭兔进行交配，以期望获得与亲代品质相似的优秀后代。这种方法的主要作用是能相对稳定地将亲本的优良性状遗传给后代。通过这种方式，可以保持和巩固特定性状，并迅速增加优秀个体在群体中的比例。

在育种实践中，如果目的是保持獭兔群体中有价值的性状并增加纯合基因型的频率，可以采用同质选配的方法。当杂交育种进行到一定阶段后出现了理想类型，也可以采用同质选配的方法来加快其稳定性。

为了提高同质选配的效果，应当专注于一个或最多两个性状。对于遗传力较高的性状，同质选配效果通常较好；而对于遗传力中等的性状，在短期内效果可能不明显，可以通过连续多代进行选择以改善效果。如果选配双方的同质程度较高，则可以更快地在群体内消除杂合子。

但长期对獭兔群体进行同质选配可能会产生一些不良影响，如群内的变异性可能会减少，原有的缺点可能会更加突出，适应性和活力也可能下降。为了防止这些消极影响，需要特别注意并严格淘汰体质衰弱或有遗传缺陷的个体。

例如，为了提高獭兔的屠宰率，可以选择背部直、腰围和臀部圆润的公兔和母兔进行交配，从而提高后代的产肉性能。

二、异质选配

獭兔的异质选配是指选择具有不同优良性状的公兔和母兔进行交配，目的是在后代中结合双亲的不同优点，从而产生具有多种优良性状的后代。这种选配分为两种情况。

结合不同优良性状：这种情况下，选择的公兔和母兔具有不同的优异性状。例如，可以选择生长速度快的公兔和产毛量大的母兔进行交配，以期望获得既生长快又产毛量大的后代。

优劣互补：在这种情况下，选择的是在同一性状上优劣程度不同的公兔和母兔进行交配，以期在后代中用一方的优秀性能替代另一方的不理想表现。例如，如果有一群体型较小的獭兔，为了提高后代的体型和产量，可以选择体型大的公兔和本地母兔进行交配，以便从后代中选出体型大的獭兔。

对于品质不太高的獭兔群体来说，异质选配能够打破僵局，提高品质。但需注意不要选择各有不同缺点的公母兔进行交配，以免产生更差的后代。在使用异质选配时必须谨慎，并应严格选择后代。

三、年龄选配

在确定公兔与母兔的配对时，适当考虑双方的年龄是很重要的，因为不同年龄的兔子产生的后代品质也会有所不同。通常情况下，处于壮年的公兔和母兔交配所产生的后代质量最佳，这些后代通常具有较强的生命力和生产力，并且其遗传性质相对稳定。建议对所有年龄段的母兔都选择壮年公兔与其进行交配。

对于初次用于繁殖的公兔和还具备繁殖能力的老年公兔，建议选择壮年的母兔进行交配，以获得更为满意的繁殖效果。獭兔一般在6至8个月龄开始繁殖，而繁殖能力通常在4至6岁时消失。被视为壮年的獭兔大约是在2岁。通过适当的年龄选配，可以优化繁殖结果，提高后代的整体品质。

四、等级选配

在养兔生产中，制订每只兔子的选配计划通常是不切实际的。为了提升整个兔群的品质，可以采用群体等级选配的方法。这种方法涉及根据兔群的生产力、体质和外形等因素将兔群分为不同的等级，并使用较高等级的公兔与特定等级的兔群进行交配。例如，如果一个兔群被评定为二级，那么可以选择一级公兔与之交配，以期提升整个兔群的品质。

在进行等级选配时，选择合适的公兔尤为重要，因为公兔的优劣将直接影响整个兔群的品质。选择公兔时需要综合考虑各种因素，以确保最终的繁殖结果能有效提升兔群的整体水平。通过这种等级选配方法，可以在一定程度上优化整个兔群的品质，尤其是在资源和管理条件有限的情况下。

五、亲缘选配

亲缘选配在獭兔育种中指的是选择具有亲缘关系的公兔和母兔进行交配。这种方法的目的是稳定和强化某些优良性状的遗传，因为亲缘关系较近的个体在遗传上更为接近。然而，由于亲缘关系近，后代往往存在生命力较弱的问题，因此亲缘选配应在育种场中谨慎且有控制地使用，在生产场中则应尽可能地避免。亲缘交配可分为几个类型。

嫡亲交配：包括直系血亲之间的交配，如祖代与孙代、父母与子女等。

近亲交配：如兄妹之间、堂兄弟姐妹之间或叔侄关系的交配。

中亲交配：涉及稍远一些的亲属关系，如曾祖父母与孙代之间的交配。

远亲交配：关系较远的亲属，通常是五代之内的个体间的交配。

超出 5 代以外，一般不再认为是亲缘交配，为了避免亲缘交配，如果不和外场交换种公兔，至少应有 6 只公兔轮流使用才不致碰到亲缘交配。虽然亲缘交配可以稳定遗传性状，但其缺点也显而易见，包括生活力差、繁殖力低、抗病力弱、易产生畸形胎等问题。为了防止近交带来的负面影响，近交通常仅在品种或品系培育中使用，而商业兔场和繁殖场不适宜采用这种方法。在进行近交时，必须重视对个体的选择和淘汰，同时确保兔子有良好的营养、环境和卫生条件，这些措施有助于减缓或抵消亲缘交配可能造成的不利影响。在兔群管理中，适当增加公兔的数量是一种有效的策略，这样做可以帮助稀释和避免过于紧密的亲缘关系。理想情况下，应保持至少 10 个亲缘关系较远的家系，以维持群体的遗传多样性和整体健康。这种方法有助于避免亲缘交配所带来的遗传问题，也能提高兔群的整体品质和生产力。

第五章 獭兔的高效繁殖技术

第一节 獭兔的繁殖生理与繁殖能力

一、繁殖生理

獭兔是高等哺乳动物，它的繁殖是以有性生殖的方式进行的，其特征就是亲本产生精子和卵子，精卵结合成受精卵，进而发育成个体。

（一）精子的发生

公兔精子的发生和成熟是一个复杂的生物学过程，主要在睾丸内进行。这一过程开始于睾丸小叶曲精细管上皮组织中的精原细胞，这些细胞通过有丝分裂成长为初级精母细胞。随后，初级精母细胞经历第一次减数分裂形成次级精母细胞，再通过第二次减数分裂生成精细胞。从一个精母细胞经两次减数分裂最终可以产生四个精细胞。这些精细胞经历形态变化后成为成熟的精子，随着精细管的蠕动，进入附睾。在附睾中，精子完成生理成熟阶段，获得活动能力。精子在附睾中完成生理成熟所需时间大约为 8 至 10 天。

在配种时，存活在附睾中的精子通过输精管进入尿道，并与各副性腺分泌物混合形成精液，最终射出体外。精液的品质对提高獭兔繁殖力至关重要，其质量受多种因素影响，包括遗传、激素、年龄、生理状态以及环境因素（如温度和日照）。

遗传因素如单侧或双侧隐睾、小睾丸等，可能导致无精症或少精症。激素因素中，促卵泡激素（FSH）、促黄体生成素（LH）和雄激素（主要是睾酮）对精子的发生具有重要影响。年龄因素表明，公兔在性成熟后开始产生成熟精子，精子数随年龄增加而逐渐增加，达到高峰期后又逐渐减少，因此约两岁的公兔配种效果最佳。生理状态，如换毛期，由于营养消耗大，可能导致精子浓度下降。环境因素中，高温（30℃以上）和过长日照时间均可显著影响精子的产生和精液品质，进而影响受胎率。

（二）卵子的发生

母兔的卵子发生过程是一个精密且复杂的生物学事件，起始于卵原细胞的分化和发育。卵原细胞在胎儿期或仔兔出生后不久通过有丝分裂发展成为卵母细胞。

卵子的发育过程中，卵泡和卵母细胞同步发育。初级卵泡逐渐发展成次级卵泡，而卵母细胞则形成初级卵母细胞。经过一系列分化，初级卵泡进一步发展成次级乃至三级卵泡，并最终成熟为成熟卵泡。与此同时，初级卵母细胞通过第一次减数分裂形成次级卵母细胞和第一极体。次级卵母细胞随后通过第二次减数分裂生成卵子和第二极体，其中第一次分裂在排卵前完成，而第二次分裂则延续至排卵后，直到精子进入卵子时才完成。

獭兔的卵子呈圆形，直径大约在 92 至 120μm 之间。除了一般细胞结构，卵子还具有一些特有的结构，包括放射冠、透明带、卵黄膜及卵黄。卵黄膜和透明带在卵子的保护、防止多精受精以及保证物质代谢方面发挥着重要作用。

（三）獭兔的性成熟与发情周期

1.性成熟

獭兔自出生之后，随着年龄的增长和生理发育，其性器官逐步成熟，伴随着性激素的分泌开始表现出各种性行为。性成熟的标志是公兔产生能使母兔受孕的成熟精子，而母兔产生能与精子结合、形成合子并最终发育成胎儿的成熟卵子。此时，公兔和母兔均达到性成熟状态。通常情况下，獭兔在3至5个月龄时就能性成熟，因此在仔兔断奶后的饲养管理中，需要将公母分开饲养，以避免过早的交配和繁殖。

2. 发情和发情表现

母兔性成熟后，随着卵巢内卵子的成熟，会出现发情现象。这一过程是由于卵泡液中的动情素进入血液循环后刺激大脑，引发发情反应。卵泡液中的动情素是随着卵子的成熟而产生的，因此，发情可视为卵子成熟的生理指示。獭兔在卵子成熟后不会自动排卵，而是需要通过性刺激，如公兔的爬跨交配，才能诱导排卵。獭兔的这一特性对人工授精尤为重要，因为在没有刺激排卵的情况下，单纯的发情和输精往往导致受胎率低。

发情的母兔会表现出一系列异常行为，如活跃、不安、频繁跑跳、刨地、踏足和用下颌摩擦食具等，这些行为被称为"闹圈"。发情期的母兔往往食欲减退。要准确判断母兔是否处于发情期，需让母兔与公兔或发情公兔接近。处于发情期的母兔愿意接近公兔，并在公兔接触时保持静止，对于交配行为显示出接受态度，如主动举尾迎合。观察发情母兔的阴部可见阴部肿大、黏膜潮红湿润，有时伴有腺体分泌物流出。母兔的发情持续期通常为3至4天。

3. 发情周期

母兔的发情周期是由卵泡的成熟和卵泡液中动情素的分泌所驱动的复杂生理过程。当母兔的卵子成熟并由卵泡液中的动情素刺激发情时，若通过交配导致排卵并成功受精，形成的合子将在子宫内着床并发育，进入受孕状态。此时，原始卵泡位置形成的黄体会抑制新的卵泡成熟，从而使母兔暂停发情。相反，如果成熟的卵子未经交配而未排出或未受精，这些卵子将被自动吸收，同时新的卵子开始成熟，导致新一轮卵泡的形成和母兔的再次发情。两次发情之间的时间间隔称为发情周期，母兔的发情周期通常为 8 至 15 天。如果母兔的首次发情未能成功交配，可以根据其发情周期，在下一次发情期间进行配种。这种周期性的发情过程对于有效地规划和管理獭兔繁殖至关重要，确保繁殖的高效率和成功率。

二、提高獭兔繁殖力的措施

影响獭兔繁殖力的因素可分为遗传因素和环境因素，要提高獭兔的繁殖力，必须从遗传育种和饲养管理两个方面采取措施，才能获得满意的效果。

（一）遗传因素对繁殖力的高低影响很大

在獭兔繁殖力提高的过程中，遗传因素扮演着至关重要的角色。有效的种兔选配策略，包括精心的系谱选择和个体选择，这对提升繁殖效果至关重要。在进行系谱选择时，需排除那些因遗传原因导致繁殖障碍的獭兔，如公兔的单侧或双侧隐睾症，或公母兔的生殖器官发育不良和畸形个体。个体选择方面，应仔细考量种兔的生殖能力、生殖器官状态、公兔精液品质以及母兔乳头数目等重要指标。

在条件允许的情况下也应进行后裔鉴定，以严格评估种兔的产仔性能和哺乳性能。值得注意的是，高温条件对公兔精液品质有显著影响，因此在选择公兔时，应优先考虑那些能够在高温季节保持较高精液品质的个体，以确保獭兔夏季繁殖力的提升。

为了优化种兔的选配效果，应将兔群公母比例控制在 1∶8 至 1∶10 之间，并限定种兔年龄不超过 3 岁也是关键措施。每年应对兔群进行调整，淘汰那些体弱、有缺陷、繁殖力差的种兔，一般淘汰率应保持在 30% 左右。同时，应着重培育后备种兔，并严格控制近亲交配，以确保种群的遗传健康和繁殖力的持续提升。

（二）采用合理的配种方法

为了提升獭兔的繁殖力，实施合理的配种策略是至关重要的。首先，全年的配种计划应根据繁殖需求和特定场地条件进行精心安排。这涉及确定全年产仔数量，并针对每只公母兔制定详细的配种、妊娠、断奶时间表。在标准条件下，每只母兔一年产 4 胎是较为适宜的。在优越条件下，可以考虑进行多次繁殖，以增加胎次，但频密程度应控制在一年 5 至 6 胎以内。

在配种过程中，选择健康且适宜的种兔至关重要。应避免选择老年兔、体弱兔或病兔进行配种，特别是避免选择患有睾丸炎的公兔或患有阴道炎、子宫内膜炎、乳腺炎的母兔，以防对繁殖产生不利影响。合理利用公兔不仅可以提高精液品质，还能延长公兔的寿命。种公兔应避免长期闲置，以减少陈年死精的产生，但不宜过度使用，以免导致有效精子数下降。理想的使用频率是每天配种一次，连续配种两天后休息一天。

为促进母兔发情或实现同期配种，可以采用激素催情。常用的激素包括促卵泡生长素（FSH）、促黄体生长素（LH）、绒毛膜促性腺激素（Hcg）、孕马血清促性腺激素（PMSG）、促排卵 2 号（LRH-A$_2$）以及促排卵 3 号（LRH-A$_3$），均可通过肌肉注射或静脉注射方式给药。

另外，还可采用重复配法、双重配法、热配法和人工授精法等多种配种技术，这些方法对于提高獭兔的繁殖力具有显著效果。通过综合应用这些策略和技术，可以有效提高獭兔繁殖力，实现繁殖目标。

（三）加强饲养管理

提升獭兔繁殖力的关键之一在于加强饲养管理。对于公兔而言，饲养管理应遵循"长期、均衡、全面、适量"的原则，其中重点补充蛋白质、矿物质和维生素等。体态管理同样重要，因为过瘦或体弱的公兔会影响其性欲和降低精液品质，而过肥的公兔同样会导致性欲降低和精液品质下降。因此，维持公兔在 6 至 7 成膘的理想体态是必要的，同时避兔喂食大量劣质秸秆，以防草腹的发生。

母兔的饲养则应根据其不同生理时期进行调整。在空怀期，饲料的营养水平应逐渐由高到低，但应避免过度高或低。妊娠期则应适度提高营养水平，以避免因营养不足引发流产，但过高的营养水平可能导致子宫被脂肪包围，影响胎儿发育。哺乳期需进一步提高营养水平，以满足泌乳的需求。

在管理方面，除了确保獭兔处于一个清洁、卫生、通风、干燥、舒适、安静且季节适宜的环境中，还应采取单笼饲养、公母隔离、增加光照、预防乳腺炎等措施。提高仔兔的成活率是提升獭兔繁殖力的关键组成部分，这不仅需要加强公母种兔的饲养管理，以促使其产生强壮的后代，而且还需对仔兔进行精心的护理。做好仔兔的保温、喂奶、清洁、补料等环节的工作对于确保其健康成长至关重要。

第二节 獭兔的繁殖特性和繁殖季节

一、繁殖特性

獭兔的繁殖过程与其他家兔基本相似，了解这些繁殖特性，可以更好地掌握獭兔的繁殖规律，进一步指导獭兔的繁殖工作。

（一）多胎高产

獭兔是一种以高繁殖率著称的多胎动物，具备早熟、怀孕期短、产仔数量多和哺乳期短等特征。在良好的饲养和管理条件下，獭兔通常一年能产仔 4 至 5 次，某些情况下甚至可达 10 至 11 次。每次分娩，獭兔平均能产下 6 至 8 只幼兔，最高纪录可达 14 只。在一年内，每只母兔能生产 20 至 30 只断奶幼兔，有时甚至可达 40 至 50 只，这展现了獭兔强大的繁殖能力。

（二）刺激排卵

獭兔的繁殖过程中，刺激排卵是一个重要的特征。在家兔繁殖中，卵巢内发育成熟的卵子通常需要通过公兔的交配行为或性激素的注射才能被排出。如果没有交配或其他形式的性刺激，成熟的卵子则不会自然排出。在实际的养殖过程中，养殖者常利用这一特性，通过强制交配来促使母兔受孕并正常产仔。

（三）发情规律

獭兔的发情模式并没有明显的季节性，并且表现出不规律的特点。根据观察，不同季节影响着獭兔的发情周期长短及其表现。通常在秋季和冬季，獭兔的发情周期相对较长，但持续的时间较短，且其阴部肿胀的表现不太明显。相比之下，在春季和夏季，獭兔的发情周期则相对较短，但持续时间更长，且阴部的肿胀更为明显。

（四）双子宫型

母兔的生殖器官有一个独有的特征，即它们具有两个完全分离的子宫，形成双子宫结构。两个子宫的颈部各自开口于阴道。这一特点在獭兔的人工授精过程中尤为重要。在进行人工授精时，输精管的插入深度不应过深，以防止只进入子宫的一侧。如果输精管只插入一个子宫，可能导致只有该侧子宫受孕，而另一侧空闲，从而减少了可能的产仔数量。

（五）假孕现象

在獭兔养殖中，有一种被称为假孕的现象时常发生。某些母兔在受到性刺激后排出卵子，但这些卵子并未受精，假孕便可能发生。由于黄体的存在以及孕酮的分泌，这些母兔会表现出与妊娠相似的行为和生理变化，如拒绝与公兔交配、乳腺膨胀以及衔草筑窝等。假孕的持续时间大约为 16 至 18 天。由于缺乏胎盘的支持，黄体会逐渐退化，孕酮分泌减少，最终导致假孕状态的结束。

二、繁殖季节

獭兔繁殖虽无明显的季节性，一年四季均可配种繁殖，但不同季节的温度、日照、营养状况等差异，对母兔的发情、受胎、产仔数和仔兔成活率等均有一定影响。

（一）春季

春季由于气候温暖、饲料充足，母兔的发情状态非常旺盛，配种受胎率高，产仔数量多，因此被认为是獭兔配种繁殖的理想季节。实际观察显示，在春季，母兔的发情相对集中，发情周期短，性功能表现得非常活跃。在这一时期，母兔的发情率可以达到85%至90%，受胎率高达80%至90%，平均每胎产仔数为7至8只，最多可达14只。獭兔养殖场通常会重点抓好春季的配种繁殖工作。然而，需要注意的是，中国南方的春季多雨，湿度较大，兔病较多，特别是仔兔的死亡率较高，因此必须做好防湿和防病的相关工作。

（二）夏季

在夏季，由于气候炎热，特别是在中国南方，高温和高湿度对獭兔造成了不利影响。在这种环境下，獭兔的食欲下降，体质变得瘦弱，性功能也相对较弱，导致配种受胎率低和产仔数量减少。相较之下，北方的夏季条件对獭兔来说稍好一些。根据观察，当外界温度超过30℃时，公兔的性欲和射精量都会减少；温度超过35℃时，公兔的性欲可能完全丧失，精子活力下降，浓度降低。在这样的气候条件下，母兔的发情率只有20%至40%，受胎率为40%至50%，平均每胎产仔数量在3至5只，最少可能只有1只。由于高温，哺乳的母兔食量减少，乳量也随之减少，导致仔兔瘦弱且多病，存活率低。然而，在母兔体质健壮且有遮阳防暑措施的情况下，温度低于30℃的地区仍可以适当进行配种繁殖。

（三）秋季

秋季以其温和的气候且有着营养价值高的饲料而成为獭兔配种繁殖的另一个理想时期。在这一季节，公兔和母兔的体质逐渐恢复，性欲增强，尤其到了晚秋，母兔发情更加旺盛，配种受胎率高，产仔数量多。从 9 月至 11 月，公兔的性欲较强，精子的活力和密度均有所提升；母兔的发情率约为 60% 至 70%，配种受胎率在 70% 至 80% 之间，平均每胎产仔 6 至 7 只。

在初秋时，由于公兔和母兔的体质才刚开始恢复，加上晚秋是换毛时期，营养消耗较大，这些因素可能对配种繁殖产生较大影响。因此，需要加强管理并调整日粮。由于公兔在夏季有一段休闲期，可能会出现暂时性不育现象，因此首次配种时应进行复配。在进行人工授精时，首次采集的精液最好弃用，以保证授精质量。

（四）冬季

由于冬季气温较低，造成大多数地区青绿饲料稀缺，营养水平下降，种兔体质变得瘦弱，母兔发情状态不正常。在这个季节，公兔的性欲虽然不强，但精子活力和密度保持正常水平。母兔的发情率大约在 60% 至 70%，配种受胎率则在 50% 至 60% 左右，平均每胎产仔数量为 5 至 6 只。特别是在寒冷的冬季，配种受胎率较低，且在没有适当保温措施的情况下，新生的仔兔极易因寒冷而死亡，存活率非常低。然而，在有充足青绿饲料和良好保温设施的条件下，冬季仍可获得较好的繁殖效果。如果冬季种兔长期未进行配种，可能会导致生殖机能障碍和性功能下降，影响春季繁殖效果。冬季出生的仔兔通常体质较健壮，被毛绒密，抗病能力较强。

根据杭州某兔业公司和某獭兔开发公司等兔场近年来的观察，3 至 6 月份是公兔和母兔一年中性活动最旺盛、配种受胎率最高的时期，10 月份至次年 2 月份次之，而 7 至 9 月份受胎率最低。尤其是在外界温度超过35℃时，不仅受胎率低，妊娠后期的母兔死亡率也较高，一般来说青年母兔的死亡率高于老年母兔，初产母兔高于经产母兔。南方地区的家庭兔场，每年7月1日至8月10日应停止配种繁殖40天。观察还发现，在一天内，公兔和母兔在日出前后1小时、日落前2小时和日落后1小时的性活动最为活跃。因此，在实际生产中，通常在清晨和傍晚进行配种，以获得更高的受胎率。

第三节　獭兔的繁殖技术

一、配种方法

獭兔配种方法主要有三种：自然交配、人工辅助交配和人工授精。自然交配省工省力，受胎率和产仔数较高，但疾病控制困难，难以确定怀孕时间，易导致公兔早衰。人工监护交配可准确掌握配种日期和血缘，减少疾病传播，但劳动强度大，依赖饲养员的经验。人工授精利于优秀种公兔的利用，减少饲养成本，控制疾病传播，但需要特定技术和设备，受胎率相对较低。

（一）自然交配

自然交配是一种较为传统和基础的配种方式。在一些生产水平较低、管理简单的兔养殖户中，这种方法仍然可能被采用。其操作是将公兔和母兔混合饲养，让它们在母兔发情期自由交配。这种方法的优势在于及时配种，避免漏配，且节省人力。然而，缺点也相当明显，如无法进行科学选育，容易导致近亲繁殖，进而引起品种退化和毛皮质量下降。公母兔混群饲养导致公兔持续追逐母兔，过度消耗体力；公兔过度交配会使精液品质下降，影响受胎率和产仔数量。公兔间争斗可能导致伤害，甚至影响配种能力。同时，这种方式还容易传播疾病，增加胚胎早期死亡或流产的风险。随着獭兔养殖业的发展，应逐渐减少自然交配法的使用。

（二）人工辅助交配

人工监护交配是中国多数兔场普遍采用的一种配种方法，它结合了精准的配种计划与细致的操作流程，确保了繁殖的效率和质量。在实施这种方法时，首先在母兔发情的迹象显现时，根据预先制订的选配计划将其引荐给特定的公兔。配种之前，需检查母兔的外阴部清洁度，必要时进行擦洗和消毒。配种过程中，公兔通常会进行一系列交配行为，包括用鼻子闻母兔气味、爬跨母兔等。在公兔射精后，通常会有特定的叫声和动作，此时需轻拍母兔的臀部，以防止精液倒流，并将母兔放回原笼。

人工辅助交配的优点在于可以准确掌握配种日期和血缘关系，控制公兔的配种频率，减少生殖道疾病的传播。这种方法要求饲养员具备一定的经验，以便及时发现母兔的发情状态并安排配种。配种时，要保持环境安静，避免围观和噪声，以防干扰獭兔的正常行为。公兔的日配种次数应控制在1至2次，连续2至3天后休息一天，以保持其良好的生理状态。

配种场地需要宽敞，去除不必要的物品，确保脚踏板平整无间隙，避免造成种兔骨折等伤害。在配种成功后，要及时记录，以便安排后续的妊娠诊断和管理。如果配种未成功，可以考虑更换公兔或在一定时间后再次尝试。

（三）人工授精

人工授精的主要程序为：采集精液、精液品质检查、精液的稀释与保存、诱导排卵和输精。

1. 采集精液

采集精液是兔养殖中的关键步骤，需要采用特制的采精器（通常被称为假阴道，由外壳、内胎和集精杯三部分组成）来完成采集工作。外壳是采精过程中的重要部分，需要具备良好的保温效果，同时对公兔的生殖器官无副作用，如适当的柔性和弹性。在我国，没有统一标准的外壳，因此生产中通常自制。实践中，半硬质的橡胶管被证明最为理想。集精杯一般使用与外壳内径相适应的专用玻璃杯或青霉素小瓶。而内胎在国内尚无专销，除了可用弹性好、导热性能优越的乳胶管代替，使用人用避孕套也是一个不错的选择。

在安装采精器时，外壳需先用清水洗净，随后用肥皂水清洗，再用清水冲洗，最后用生理盐水清洗。同样，避孕套也需经过反复清洗并用生理盐水冲洗。安装时，将消毒后的避孕套放入内胎中，剪去盲端后将其固定在外壳上，并在两者之间注入适温水（约45℃），以增加内胎的内压。使用时，测量内胎温度至40℃时方可进行精液采集。

采集精液时，选用发情的母兔作为台兔，让公兔多次尝试交配，以提高其性欲和副性腺分泌。操作者需要控制好假阴道的高度和角度，确保公兔的阴茎能顺利进入。公兔射精后，立即将假阴道端抬高，收集精液以防外流。采集后，将精液贮存于标记好的集精杯中，并送往实验室进行品质检查。

为了提高采精的成功率，还需要专门的保温设备。由于公兔对温度敏感，内胎的适宜温度对采精效果至关重要。设计了一种保温器，其原理类似于日常使用的保温瓶，但尺寸、深度和口径需满足采精需求。保温器内注入适宜温度的生理盐水，并放入准备好的假阴道，使用时取出并安装集精杯即可。为保持精子活力，保温设备上还设有盛放集精杯的小盒，以保持精液温度稳定，从而提高人工授精的受胎率。

2. 精液品质检查

在獭兔养殖中，精液品质检查是确保繁殖成功的重要环节，涵盖了射精量、色泽、pH值、活率、密度和畸形率等多个方面的评估。

射精量的测量可直接在带刻度的集精杯上进行，或将精液倒入小量筒中读数。獭兔的射精量一般较肉兔少，平均约为 0.8mL，这一数据受到个体差异、体型、季节、饲养管理和采精技术的影响。

獭兔的精液通常呈乳白色或灰白色，浓而不透明。任何非正常颜色（如红、绿或黄色）的精液都不应使用，需查明原因。

正常的精液 pH 值大约为 7。过高或过低的 pH 值均不宜输精，通常使用精密 pH 试纸进行测定。

精子活率，即直线运动的精子所占比例，需借助显微镜进行观察。在显微镜下放大 200 至 400 倍观察精子运动情况，以此来判断精子活率。环境温度和空气中的异味都会影响活率测定，如低温会显著降低精子活率。

精子密度，即单位体积内精子的数量，可通过估测法或计数板测定法确定。估测法根据精子间隙大小进行评估，而计数板测定法则更为精确，通过血球计数板计算单位体积内的精子数。后者虽然费时费力，但适合于对种公兔的定期检测，有助于通过显微照相技术建立不同密度的标准图，以便于日常生产中的快速估测。

精子畸形率的高低直接关系到受胎率。正常情况下，畸形精子数应低于 20%。畸形精子的类型包括双头、双尾、大头、小尾、无头、无尾和尾部卷曲等。畸形率的检测对于评估公兔的生殖健康和选择优质种兔至关重要。

3. 精液稀释与保存

精液稀释是为了扩大精液使用量，提高输精效率和优秀种公兔的利用率。稀释液不仅增加了精液量，还提供了营养和保护，帮助延长精子寿命和防止细菌污染。常用的稀释液包括以下几种。

（1）0.9% 生理盐水：用于注射。

（2）5% 葡萄糖溶液：用于注射。

（3）鲜牛奶：沸腾后保持 15 至 20 分钟，冷却到室温并通过四层纱布过滤。

（4）11% 蔗糖溶液：将 11g 蔗糖与 100mL 蒸馏水进行混合，加热消毒后冷却备用。

稀释技术通常是将精液稀释 3 到 5 倍，高倍稀释分两次进行。稀释时应遵循"三等一缓"原则：等温（30-35℃）、等渗（0.986%）和等值（pH 6.4-7.8），将稀释液缓慢地加入精液中并轻轻摇匀。所有用品应消毒干净，抗生素在使用前添加。

精液的液态保存分为常温保存（15～25℃，可保存 1 到 2 天）和低温保存（0～5℃，可保存数日）。稀释液包括糖卵黄保存液、鲜奶或 10% 奶粉保存液和多成分保存液。保存时，先稀释精液，缓慢降至室温后进行分装，每个容器上覆盖一层中性液体石蜡隔绝空气，再在 5-10℃环境中缓慢降温，最后存放在 0-5℃ 的环境中。

精液冷冻保存是一项重要技术，可长期保存精液。包括采精、精液检查、稀释、平衡、冷冻、解冻检查和长期保存（-196℃液氮中）等程序。冷冻方式有多种，如利用液氮冷源。解冻后，需检查精子活力，合格的精液可长期保存在液氮罐中。解冻方式有多种，包括 40℃ 和 55℃ 水浴快速解冻等。保存时，需定期检查液氮罐内液氮量。

4. 诱导排卵和输精

（1）排卵诱导。獭兔属于诱发排卵型动物，在进行人工授精时需进行排卵诱导。常用方法包括以下几种。

①使用促排卵素 2 号（LRH-A$_2$）或 3 号（LRH-A$_3$），按兔体重溶解于无菌生理盐水中，肌肉或静脉注射 3-7μg。

②应用人绒毛膜促性腺激素，溶于适量无菌生理盐水中（通常每只兔子注射 0.2～1mL），每只 50 单位，通过耳静脉注射。

③黄体生成素（LH）注射，每只 10-20 单位，单次肌肉注射。

④通过与结扎输精管的公兔交配来刺激排卵。

（2）人工授精。

① 授精器械：常用的有专为兔子设计的输精器，也可以使用羊用输精器，或者使用普通玻璃注射器配合人用导尿管。有些实验者使用普通

玻璃滴管，其口端接自行车气门芯作为输精器，效果良好。

② 输精时间：实验表明，在注射诱排卵药物后 2 小时、0 小时（即注射时）和注射前 2 小时输精，受胎率无显著差异。输精前 4 小时或输精后 4 小时以上注射药物效果较差。为简化操作，减少捕捉母兔次数及减轻应激，建议在注射诱排药物时同时进行输精。

③ 输精次数：一次输精与二次输精的受胎率差异不大，因此通常一次输精即可。

④ 输精量：一次输精量通常为 0.2 ～ 1mL 稀释精液，活精子数量约为 0.1 亿至 0.2 亿。

⑤ 精子活力：新鲜精液或液态保存短期的精液活力应在 0.5 以上，冷冻精液的活力不低于 0.3。

⑥ 输精方法：常见的方法有四种。

第一，倒提法：由两人操作，一个人抓住兔子的耳朵和臀部，另一个人插入输精器。

第二，倒夹法：单人操作，坐在矮凳上夹住兔子，一手提起尾巴，另一手输精。

第三，仰卧法：将兔子放在平台上，腹部朝上，进行输精。

第四，趴卧法：母兔腹部朝下进行输精。

⑦ 输精注意事项：输精前应将母兔外阴用生理盐水擦净，如有污垢可先用酒精清洗。注意输精管插入深度，避免因插入过深伤害阴道。输精后应缓慢抽出输精器，防止精液流失。输精器具需严格消毒，每只母兔使用一支新的或消毒过的输精器。

二、人工催情

在正常情况下，性成熟的母兔会交替经历发情期和休情期。然而，在实际养殖中，有时会发现母兔长时间不发情或发情周期延长。这可能是群体性现象或个别母兔的问题。面对这种情况，应首先查明原因，然后采取相应的措施。以下是一些促进母兔发情的常用方法。

（一）激素促发情

孕马血清促性腺激素：每支注射 50 ～ 80 单位，一次腿部内侧肌肉注射。尿促卵泡素：每支注射 50 单位，一次肌肉注射。已烯雌酚或三合激素：每支注射 0.75 ～ 1mL，一次腿部内侧肌肉注射。促排卵激素（LRH-A）：每支注射 5μg 或瑞塞脱 0.2mL，一次肌肉注射。

（二）药物促发情

每只母兔每天喂食 1 ～ 2 粒维生素 E，连续喂食 3 ～ 5 天；中药"催情散"：每天每只 3 ～ 5g，连续 2 ～ 3 天。

（三）物理刺激促发情

将母兔放入公兔笼内，通过公兔的追赶、舔舐和爬跨刺激母兔，1 小时后取出公兔，约 4 小时后检查母兔发情情况；手指按摩母兔外阴或用手掌轻拍外阴部，同时抚摸其腰部，每次 5 ～ 10 分钟；用 2% 医用碘酊或清凉油涂擦母兔外阴。

（四）气味刺激促发情

将母兔放入公兔的隔壁笼或曾饲养过公兔的笼内，利用公兔的气味刺激母兔发情。

（五）断乳促发情

对产仔较少的母兔，可以合并哺育仔兔，使另一只母兔停止泌乳，通常在停奶后 3 到 5 天发情。

（六）光照促发情

在光照时间短的冬季和秋季，通过人工补充光照，使每天的光照时间达到 14 ～ 16 小时，有助于促进母兔发情。

（七）营养促发情

配种前 1-2 周，增加体况较差母兔的营养，如添加大麦芽、胡萝卜等富含维生素的多汁饲料，补喂维生素添加剂和含硒生长素，特别是 Sg-Vg 合剂或水溶性维生素，效果良好。

以上方法都是为了帮助促进母兔的发情，但使用时需根据具体情况和兔场的实际情况进行选择和调整。

三、人工催产

在养殖实践中，尽管大多数母兔的分娩过程比较顺利，无须人为干预，但在某些特殊情况下，人工催产成为必要措施。这种情况可能出现在妊娠期超过 32 天的母兔身上，此时它们还没有显示出分娩的迹象。另一种情况是母兔由于产力不足，如仔兔发育不良或存在死胎，这些因素可能阻碍有效的子宫收缩，导致母兔无法在预期时间内完成分娩。如果母兔体力不支，也可能面临分娩困难。特别需要注意的是，当母兔只怀有少量胎儿（1 至 3 只）时，到了 30 或 31 天还未分娩，仔兔过大的风险增加，这可能导致难产，此时催产就显得尤为重要。对于有食仔习惯的母兔，为了防止其在无人监护时伤害新生仔兔，人工催产和监护分娩也是必要的。由于冬季兔舍内温度较低，如果母兔在夜间分娩，仔兔可能面临被冻死的风险，在这种情况下进行人工催产并提供必要的护理也是非常重要的。人工催产有两种方法，一种是激素催产，一种是诱导分娩。

（一）激素催产

在母兔分娩过程中，若需要采用激素催产的方法，通常选用适用于人类的催产素（垂体后叶激素）注射液。每只母兔通过肌肉注射 3 到 4 单位的催产素，一般在注射后大约 10 分钟内母兔便可顺利产仔。

催产素的作用是刺激子宫肌肉进行强烈的收缩，因此在使用时必须小心控制剂量。注射量的确定应根据母兔的体型、怀胎数等因素灵活调整。对于体型较大或怀胎数较少的母兔，可以适当增加剂量；而对于体型较小或胎儿数量较多的母兔，则应相应减少剂量。

需要特别注意的是，若难产是由于胎位不正（如横生）引起的，不应轻率地使用激素催产。在这种情况下，应首先调整胎位，待胎位正确后再进行激素处理。由于激素催产的效果来得快且母兔的产程较短，因此在使用激素催产时要特别注意提供相应的人工护理，确保母兔和新生仔兔的安全。

（二）诱导分娩

在兔类养殖中，虽然大多数母兔能够自然顺利地分娩，但在特定情况下，如母兔超过预期妊娠期仍未分娩或出现产力不足的情况，可能需要进行诱导分娩。诱导分娩是一种通过外部刺激促使母兔释放催产激素，从而引起子宫和胎儿运动，促进胎儿娩出的过程。这一过程可分为以下几个阶段。

（1）拔毛刺激：通过轻轻拔除母兔乳头周围的毛发，产生一定的刺激，以促使其释放催产激素。

（2）仔兔吮吸刺激：选用产后 5 至 10 天、发育正常且近期未吃奶的仔兔进行吮吸刺激，通过这种方式反射性地促进脑垂体释放催产素。

（3）腹部按摩：使用温水浸湿的毛巾对母兔腹部进行轻柔的按摩，以进一步刺激催产素的释放并促进子宫肌的运动。

（4）产后护理：分娩后，需对母兔和新生仔兔进行细致的护理，包括清理口鼻黏液、保暖及更换干净的垫草。

在实施诱导分娩时，需注意以下几点。

（1）诱导分娩应视为辅助手段，只能在必要时采用，以避免不必要的应激反应。

（2）在诱导分娩前，必须仔细检查母兔的配种记录和妊娠检查记录，确保妊娠期正确。

（3）仔兔吮吸的时间和强度对诱导分娩的成功至关重要，应控制在合适的时间范围内。

（4）按摩时要注意卫生和强度，以免造成不适或伤害。

（5）诱导分娩的效果迅速，产程短于自然分娩，在寒冷季节或特殊情况下需加强对母兔和新生仔兔的护理工作。

四、围产期的护理

在兔类养殖中，围产期护理是确保母兔和新生仔兔安全的重要环节。母兔的妊娠期通常为 30.5 天。为了顺利接产，需要提前做好准备。从妊娠的第 28 天起，应将经过消毒的产箱置于母兔笼内，并放入柔软干燥的垫草，如麦秸和稻草，以便母兔适应环境，避免其在产箱外分娩。

母兔通常在临产前会拉毛做窝，但一些初产母兔和个别经产母兔可能不会主动拉毛。为此，可在妊娠的 30 至 31 天人工诱导或辅助拉毛。操作时需放置好母兔，轻轻拔取乳头周围的毛发，置于产箱中以刺激母兔拉毛行为。需要注意的是，无论是产前辅助拉毛还是产后辅助拉毛，动作都要轻柔，拔毛面积不宜过大，以免造成母兔皮肤或乳房受伤及过度应激。

母兔分娩倾向于夜间进行，因为夜间环境安静且适合兔子的习性。然而，现代培育的兔种在白天分娩的比例有所增加。如果母兔在白天分娩，应覆盖麻袋或草帘在笼子上，以营造较暗的环境。分娩期间应保持环境安静，避免陌生人围观、大声喧哗或其他动物闯入。

分娩前，应准备温水，麸皮淡盐水或红糖水供母兔饮用，因为产后母兔通常口渴，需补充水分。确保产后母兔能及时饮水，防止其因缺水而回到产箱伤害仔兔。产后应检查产箱，清理死胎、弱胎和污物，更换垫草，并检查仔兔是否已吃奶。如未吃奶，需在 6 小时内人工辅助哺乳。通过这些细致的准备和护理，可以大大提高母兔和仔兔的存活率及健康状况。

五、人工催乳

在兔子的养殖中，人工催乳是一种重要的技术，用于提高母兔的泌乳量，从而直接影响到仔兔的成长速度和成活率。若母兔在产后无乳或泌乳量不足，首先需查找原因，并在确保日粮中蛋白质、能量、维生素、矿物质及水分供应充足的基础上，采取以下措施促进泌乳。

第一，增加催乳饲料：喂食具有催乳效果的青绿饲料或多汁饲料，如夏秋季节可饲喂蒲公英、苦荬菜、莴笋叶，冬季则可选用胡萝卜、南瓜、豆芽等。一般而言，那些折断后流出白色汁液的植物往往具有较好的催乳效果。

第二，豆浆大麦芽混合饮：准备200mL豆浆，煮沸后冷却至适温，添加50g捣碎的新鲜大麦芽和5到10g红糖，混合后作为饮用水，每日一次。

第三，芝麻花生酵母混合饲料：少量芝麻、10粒花生米、3到5片干酵母或酵母片，捣碎后作为日常饲料，每日一次。

第四，人用催乳片：每只母兔每日喂食3到4片，连续三天。

第五，激素注射：采用促排卵素2号（LRH-A$_2$）或3号（LRH-A$_2$），每只母兔注射3μg，或在饮水中添加每只5μg。

第六，其他辅助措施：鼓励母兔分娩时食用全部胎衣和胎盘，对于不拉毛的母兔提供人工辅助拉毛。此外，每天在喂奶前使用热毛巾轻柔按摩母兔乳房3至5分钟，以刺激泌乳。

通过上述综合措施，可以有效提升母兔的泌乳量，从而促进仔兔的健康成长和提高成活率。

六、人工收乳

在兔类养殖中，尽管母兔的充足泌乳对仔兔的成长至关重要，但在某些特定情况下，如母兔仔兔全部死亡、部分乳房患有乳腺炎，或泌乳量过剩可能导致乳腺炎时，需要采取措施减少母兔的泌乳。实施这一过程称为人工收乳，其目的是减轻母兔乳房的负担，防止乳腺炎等疾病的发生。以下是实施人工收乳的一些策略。

第一，调整饲料结构：减少或停止精料的喂食，限制青绿多汁饲料的摄入量，同时增加干草的喂食量。

第二，水分控制：限制母兔的饮水量，可提供 2% 至 2.5% 的冷盐水作为饮用水。

第三，大麦芽处理：取 50g 大麦芽，炒至黄色后拌入日常饲料中喂食。

第四，药物投喂：在收乳期间可适量投喂抗菌类药物，如磺胺类或抗生素类药物，以预防乳腺炎的发生。

通过上述措施，可以有效控制母兔的泌乳量，减轻其乳房的压力，并预防由于过量泌乳引起的乳腺炎等健康问题。这些措施的实施应基于对母兔健康状况和泌乳量的细致观察，以确保动物福利和健康状况的最佳平衡。

第四节　獭兔的繁育

家兔的繁育方法通常根据育种的具体需求而有所不同，主要分为两种类型。第一种是纯种繁育，这主要用于纯种家兔的内部繁育，目的是防止纯种退化，并助于纯种的提纯和增强。第二种是杂交繁育，这种方法主要用于培育新的品种以及生产商品兔。作为家兔中的一个独特品种，獭兔育种的重点在于品种的提纯和复壮，旨在保持该品种的优势特点的同时，进一步发展和强化这些优点。在獭兔的育种过程中，纯种繁育和杂交繁育是主要采用的两种方法。

一、纯种繁育

纯种繁育是指在同一品种内部进行的繁育活动，其主要目的是保持并增强已具备优良性状的群体的遗传稳定性和性能表现，以防止优良品种的退化。这种繁育方法在中国当前的獭兔养殖业中具有极其重要的实际意义。许多养兔场和养兔户已经引进了优良的獭兔品种，但如何持续保持这些良种兔的优良性状，防止其退化，成为养兔者面临的紧迫问题。如果处理不当，优良品种可能在短短几年内退化为劣种，生产性能大幅下降，这将给养兔场带来重大的经济损失。为了防止纯种退化，以下三个问题需要特别注意。

（一）加强对优良种兔的选择

在实施纯种繁育时，加强对优良种兔的选拔至关重要。虽然引进的纯种兔通常属于优良品种，具备理想的品种特性，但并非所有个体都能在实际环境中展现出其优良性状。事实上，由于部分种兔可能无法适应新的自然环境和饲养管理条件，它们可能无法充分表现出良种的特性，甚至出现品种的退化。

在这种情况下，应密切关注能够适应新环境并表现出优良性状的个体，在选留种兔时淘汰那些表现不佳的个体。为了确保选留种兔的质量，可以适当提高选拔标准，即减小选拔比例。这意味着，在更大的群体中选择种兔将更有利于保证其质量，如从 100 只兔中选择 1 只种兔通常比从 10 只中选择 1 只要更可靠。通过这种方式，可以有效地保持和提升纯种兔的品质，防止品种退化。

（二）不断更新血液，避免近亲交配

这是为了有效避免近亲交配导致的品种退化。尤其在交通不便的地区，农民购买种兔后往往在本地进行繁殖，这容易导致同一地区兔子间形成亲缘关系。随着时间的推移，近亲交配的程度会不断增加，特别是

在较小的区域，如一个村落甚至一个家庭中，优良品种很快就会因近亲交配而退化。

为了防止这种情况发生，有两个有效的途径：首先，引种时应该选择至少6只公兔，并确保这些种公兔之间没有血缘关系，通过有计划地轮流配种，可以将近亲交配的可能性降到最低。其次，定期更新血统，如通过与其他地区交换公兔或重新引入新的公兔。尽量选择生活环境差异较大的交换对象，以提高后代的生活力。但在进行换兔或引种时，必须注意检疫和防疫工作，以避免疾病的传播。通过这些措施，可以有效地维护和提升獭兔品种的质量。

（三）在纯种群内适当建立品系

在纯种兔群内建立品系是一种提升品种质量的有效策略。品系指的是在同一品种内部发展出的具有某些特定优势特点的子群体。例如，我们饲养的长毛兔虽然都属于安哥拉长毛兔这一品种，但在不同国家的饲养过程中，它们各自培育出了独特的特点，从而形成了诸如英系、法系、德系、丹麦系、日本系、中国系等不同的品系。这些长毛兔之间的形态差异可能并不明显，但都保留了安哥拉兔的基本品种特征。

建立品系的过程首先是选择一只符合特定要求的公兔作为系祖。这只公兔除了具备品种的基本特征，还应具有某些理想的突出优点。选定系祖后，再选择若干具有相似特征的母兔进行交配，以期系祖的优良特性能被有效遗传。在选择同质母兔时，通常会涉及一定程度的亲缘交配，以增强遗传上的共性。然而，为了避免亲缘交配导致的生活力退化，亲缘交配通常限于中亲缘程度。通过这种方法，不断繁衍下去，就能形成具有某一突出特点的兔群，即一个品系。品系的数量越多、选择越严格，其遗传稳定性就越好，品系的质量也就更有保证。在品种内建立多个品系能保持一定的遗传变异，而品系间的杂交能提升整个品种的性能。

二、杂交繁育

在獭兔的杂交繁育中，通常指的是不同品种兔之间的交配繁殖。一般情况下，禁止将獭兔品种与其他品种的兔子进行杂交，因为尽管杂交后代可能表现出较强的生活力和饲料效率，但杂交通常会导致獭兔毛皮的特有性状减弱或消失，进而造成损失。因此，只有在打算培育新品种时，才会进行杂交繁育，并在此过程中需要大量淘汰非理想个体。獭兔的杂交繁育主要包括以下几种方法。

（一）导入杂交

又称冲血杂交，这种方法适用于当某些缺点无法通过本品种内的选育来改善时。进行导入杂交时，应选择与原品种生产方向一致的种兔进行杂交，然后再进行 1 到 2 次回交，以获得含有一定比例外血的后代。在进行导入杂交时，除了需要挑选优秀的种兔，还需要为杂交后的兔群创造良好的饲养管理条件，并进行细致的选配。

（二）级进杂交

又称吸收杂交或改进杂交。这种方法是将改良用的公兔与本地母兔杂交，从第一代杂交开始，后续各代的母兔继续与原改良品种的公兔杂交，直到 3 到 5 代杂交后代的生产性能与改良品种相似。一旦杂交后代基本达到目标，杂交就应该停止。

（三）经济杂交

这种杂交方法是为了利用两个品种的一代杂种提供产品，而不用于繁殖。一代杂种通常表现出杂种优势，具有较强的生活力和较快的生长发育速度。在獭兔生产中，采用这种杂交方式时，应认真进行杂交亲本的选择。杂交亲本必须是纯合个体，另外要根据遗传规律，掌握好显性基因与隐性基因的作用关系，切忌无目的和不按毛色遗传规律的盲目杂交。

（四）育成杂交

育成杂交是獭兔品种培育中的一个重要方法，主要用于开发新的品种。几乎所有现存的獭兔品种都是通过这种方法育成的。育成杂交根据参与杂交的品种数量，可分为简单杂交育种和复杂杂交育种。

（1）简单杂交育种：这种方法涉及两个不同品种的獭兔进行杂交，以培育出新的品种。简单杂交育种通常旨在结合两个原始品种的优良特性，以期望在新品种中得到这些特性的最佳表现。

（2）复杂杂交育种：这种方法涉及三个或更多品种的獭兔进行杂交，目的是开发具有多种优良性状的新品种。复杂杂交育种考虑到了更多的遗传因素和特性组合，因此能够产生具有更广泛特性的新品种。

育成杂交的过程通常分为三个阶段。

（1）杂交阶段：在这一阶段，选择不同品种的獭兔进行交配，以产生杂交后代。这一步骤的关键是精心选择能够互补优良特性的父母种。

（2）固定阶段：杂交后代经过多代选育，目的是固定所需的性状。这一阶段可能需要多代的选择和淘汰，以确保新品种具有稳定和一致的特性。

（3）提高阶段：在固定好的新品种基础上，通过继续的选育和改良，进一步提高新品种的性能。这可能包括增强其适应性、生产性能或其他特定的性状。

整个育成杂交的过程需要精确的规划和细致的管理，以确保最终育成的獭兔品种既具备所需的性状，又能稳定地将这些性状传递给后代。

第五节　獭兔的妊娠与分娩

当发情的母兔成功配种后，受精卵在其子宫内开始发育成胎儿，这个阶段被称为怀孕期。母兔的怀孕期通常持续约 30 至 31 天，尽管会因年龄、营养状况等因素略有变化，但这种差异通常不大。一般来说，年长的母兔怀孕期较长，而年轻的母兔怀孕期则相对较短。营养状况良好的母兔通常有更长的怀孕期，而营养不足的母兔怀孕期则较短。胎儿数量也会影响怀孕期的长短，胎儿数量较少时，怀孕期通常较长，而胎儿数量多时，怀孕期则相对较短。

一、妊娠检查

妊娠检查是确定母兔是否怀孕的重要方法。怀孕的母兔需要特别的护理以保证胎儿健康，而未怀孕的母兔则应在下一个发情周期再次配种。因此，进行准确的妊娠检查对提升母兔的繁殖效率至关重要。妊娠检查的方法有多种，包括复配法、称重法和摸胎法。

复配法：这种方法是在母兔的下一个发情周期再次尝试配种。如果母兔拒绝配种，可能意味着已经怀孕。但这种方法并不十分准确，且容易导致流产，因此使用较少。

称重法：通过定期测量母兔的体重变化来判断是否怀孕。如果体重明显增加，可能表明怀孕。然而，这种方法也不是非常精确，需要较长时间观察。

摸胎法：这是最直接且效果最好的方法。在交配后大约一周进行检查，太早则胚胎太小，难以触摸到。一般在交配后 7 到 10 天进行摸胎检查比较合适。操作方法是：左手抓住兔耳，将兔子放在桌上，头朝向操作者，右手轻轻从前向后摸母兔的腹部。如果腹部柔软且摸不到任何东西，可能未怀孕；如果摸到排列整齐的圆形肉球，则可能已怀孕。需要区分胚泡和粪球，粪球一般形状扁圆且分布散乱，而胚泡形状圆滑、有弹性，位置固定。摸胎时需注意动作要轻柔，避免用力过猛或过于粗鲁，以免造成流产或其他不良后果。

二、分娩

分娩是母兔生产小兔的过程，对于母兔和仔兔的健康非常关键。分娩前，母兔会出现一些预兆，了解这些征兆对于养殖者进行有效护理是非常重要的。

一般情况下，母兔的怀孕期约为 30 天。在怀孕的后期，大约从第 25 天开始，母兔会表现出即将分娩的迹象。因此，在这个时间段之后，母兔应当单独饲养，并准备好所有必需的临产物品。此时，母兔的乳房会逐渐肿胀，有时甚至可以挤出奶水。外阴部也会肿胀，黏膜变得红润和湿润。母兔可能食欲不佳，甚至完全不进食。有些母兔会在产前一两天开始衔草筑巢，并且用自己的胸部和腹部的毛来铺垫窝中。如果是地面养殖的母兔，可能在怀孕中期就开始挖洞、做窝。有些母兔不会自发地拉毛和衔草筑巢，这时可以人为帮助它们，经过一两次的训练，母兔通常就会学会。

临产时，母兔会因为子宫收缩而表现出肚子疼痛，行为焦躁不安，可能会刨地、跺脚。接着会出现弓背、努力的现象。不久后胎膜破裂，胎水排出，仔兔便会陆续出生。母兔在分娩的同时，会自动咬断脐带并吃掉胎衣，并清理干净仔兔身上的黏液和血迹。如果母兔不清理仔兔，工作人员应立即帮助仔兔擦干，避免感冒或冻死。产在巢箱外的仔兔应立即放入箱中，以免被冻死或踩死。

分娩后，由于大量体力消耗，母兔会感到十分口渴。此时应立即提供温开水，并在水中加入少量麸皮和盐，既能补充水分，也能补充部分营养和盐分。如果母兔分娩后缺乏及时补水，可能会因口渴吃掉仔兔，因此母兔分娩时应有专人护理。

一般来说，产仔过程不会太长，大约 20 至 30 分钟便能产完。但有些母兔会分批产仔，第一批产后可能间隔几小时甚至十几小时再产第二批。在这种情况下，更需要人工护理，以防仔兔大量死亡。

第六章　獭兔的营养与饲料

第一节　獭兔的营养需求

营养需要是指在理想状态下，能够满足獭兔正常生长发育所需要的养分，它包括能量、蛋白质、脂肪、粗纤维、维生素、矿物质和水分等。

一、獭兔对能量的需要

獭兔对能量的需求是其生存和生产活动的基础。獭兔必须不断从食物中摄取能量，以维持其日常生命活动并产出肉、骨、皮毛等农产品。例如，为了维持每日 40g 的增重，假设每天的食物摄入量为 130g，那么獭兔的每 500 克日粮中应含有约 3000 大卡的消化能量。能量的不足会导致獭兔生长缓慢，身体组织损伤，以及毛皮和肉类产量的下降。因此，准确地了解獭兔在生长、怀孕、泌乳和产毛等不同生理活动阶段的能量需求对养殖獭兔来说是至关重要的。

二、獭兔对蛋白质的需要

蛋白质，由氨基酸构成，对獭兔来说是维持其正常生理活动的基础物质。蛋白质的摄入不足会导致獭兔体重减轻、生长受阻、皮毛质量下降。对母兔来说，缺乏蛋白质可能导致发情异常、受胎率降低、胎儿发育不良、仔兔生命力弱，甚至可能出现怪胎和死胎。对公兔来说，缺乏蛋白质会导致精液质量差和精子数量减少。然而，过量摄入蛋白质不仅会造成饲料的浪费，还可能引起消化功能紊乱和生产力下降。在獭兔的饲养中，保持氨基酸的基本平衡并合理搭配多种饲料以确保日粮的稳定平衡是非常重要的。

在常规饲养条件下，獭兔对蛋白质的最佳需求量为：生长兔和哺乳母兔的风干日粮中粗蛋白质含量应在 16% 至 18% 之间，生产兔和妊娠母兔的风干日粮中粗蛋白质含量应在 14% 至 16% 之间。

三、獭兔对脂肪的需要

脂肪在獭兔的营养需求中扮演着关键角色，不仅作为能量的储存和供应源，还有助于构成身体组织和促进脂溶性维生素的吸收。在獭兔的乳脂、毛油脂及肉中脂蛋白质量都包含一定量的脂肪，这表明脂肪的摄入对于维持獭兔健康至关重要。为了满足这些需求，獭兔日粮中的粗脂肪含量应保持在 3% 至 5% 的水平。适量的脂肪摄入有助于保证獭兔的正常生理活动和优良的生产性能。

四、獭兔对粗纤维的需要

獭兔虽然有发达的盲肠和食粪习性，但它们对粗纤维的消化能力并不高，处于一般水平。粗纤维在獭兔的消化过程中扮演重要角色，有助于维持消化物的黏度，促进消化系统的顺利运转，并有助于形成硬粪的排出。成年獭兔若摄入的粗纤维过少，可能导致胃肠蠕动减缓，食物在消化道内滞留时间过长，引起消化功能紊乱，最终导致采食量下降和消化道疾病。反之，如果日粮中粗纤维含量过高，则可能导致肠道蠕动过快，从而减少对营养的吸收。

獭兔日粮中的粗纤维含量应控制在 12% 至 14% 的适宜范围内。对于幼兔，粗纤维的比例可以适当降低，但不应低于 8%；而成年兔则可以适当增加，但不应超过 20%。这样的粗纤维水平有助于维持獭兔健康的消化系统和良好的生理状态。

五、獭兔对矿物质和维生素的需要

獭兔在生长发育过程中，必须供给一定量的矿物质和维生素，才能保证其生产性能正常，其需要量多数可从饲料中获得，但有时也要调整其比例，根据情况及时添加。

（一）钙和磷

钙和磷的摄入对獭兔的健康至关重要。如果这两种物质的含量不足或比例失调，可能导致獭兔出现软骨病、骨质疏松，公兔性欲减退和精液品质下降，以及母兔受胎率降低、胎儿畸形和流产等问题。理想的钙磷比例应该是 2 ∶ 1。钙的不足可以通过添加饲料中的碳酸钙来补充。一般情况下，如果日粮中的钙含量略高，则不需要特别调整，因为獭兔对较高钙含量有较强的适应能力。正确平衡钙和磷的比例，对于维持獭兔的整体健康和繁殖能力是非常关键的。

（二）氯和钠

氯和钠是帮助獭兔健康成长的重要微量元素，主要来源于食盐。当獭兔体内氯和钠含量不足时，可能出现脱水、生长迟缓、母兔泌乳量下降以及被毛变得粗糙等问题。为了满足成年獭兔的生理需求，一般建议每天提供约 1g 的食盐。在准备獭兔饲料时，可以通过在饲料中加入 0.5% 的食盐来保证足够的氯和钠摄入。然而，需要注意过量摄入食盐或者食盐分布不均匀可能会导致獭兔食盐中毒，因此，调配饲料时需谨慎确保食盐的适量和均匀分布。

（三）铁、铜、钴

铁、铜和钴是獭兔所需的重要微量元素。铁主要负责血红素的形成，铜则有助于血红素的合成并参与毛发生成。当这些微量元素不足时，獭兔可能出现贫血、体重减轻、被毛粗糙和母兔怀孕率低下等症状。在大多数情况下，獭兔可通过普通饲料中的自然含量获取足够的铁和铜，但在一些土壤中这些元素缺乏的地区，则可能需要额外补充。钴则是獭兔消化系统中微生物合成维生素 B_{12} 的重要参与者，一般情况下，獭兔可以通过其饲料中的天然含量来满足对钴的需求。

（四）维生素

獭兔的维生素需求相对较高。维生素 A 的不足可能导致母兔发情异常、受胎率降低、频繁流产，而仔兔易生病、死亡率高，公兔则可能出现性欲减退和精液品质下降等问题。然而，獭兔通常可以通过足量摄入青绿色饲料来满足对维生素 A 的需求，特别是在冬季，给种母兔和种公兔每天补充 50 至 100g 胡萝卜有助于保证其摄入足够的维生素 K。维生素 E 的不足可能导致胚胎死亡或吸收不良，而维生素 K 的缺乏则可能引起流产。而对于 B 族维生素，獭兔可以在体内自行合成，因此通常不需要额外补充。

（五）獭兔配合料中矿物质及维生素的含量

獭兔的配合料在矿物质和维生素含量方面应遵循特定的标准。每千克饲料中应包含钙和钾各 1%，磷 0.5%，钠介于 0.5% 至 0.7% 之间，镁 300mg，铜 10mg，铁和锌各 50mg，锰 30mg。在维生素含量方面，维生素 A 应为 8000 国际单位，维生素 D800 国际单位，维生素 E40mg，维生素 K2mg。胆碱的含量应为 1500mg，烟酸 50mg，维生素 $B_6$300mg。这样的配比有助于满足獭兔的生长、繁殖和健康需求。

六、獭兔对水分的需要

水分对獭兔至关重要，约占其体重的 70%。水分不仅在獭兔进行体温调节、消化、吸收营养物质以及排出废物等活动中中发挥关键作用，还作为润滑剂保护其关节、肌肉和体腔。处在生长期的獭兔每天需摄入大约 0.25 至 0.28 升水，妊娠期母兔需 0.5 至 0.55 升，而哺乳期母兔则需约 0.6 升。

缺水会导致獭兔食欲减退、消化能力降低、生长放缓，抗病力下降。如果体内缺水达到 5%，獭兔会表现出明显的口渴症状；缺水达到 10% 时，会出现健康问题；而当缺水量达到 20% 时，可能会导致死亡。确保獭兔充足的水源供应对其生长和健康至关重要。

第二节　獭兔日粮的营养标准

獭兔日粮指的是獭兔每天所需摄入的各种饲料的总量。根据獭兔对不同营养物质的需求，结合各种饲料的营养成分，精确配制全价配合饲料的过程就是日粮配合。为了确保獭兔的健康，最大限度地发挥其生产和繁殖能力，同时减少饲料浪费和降低养殖成本，需要依据獭兔的年龄、体重和生理特征来确定其饲养标准。

虽然目前还没有一个统一的国家獭兔饲养标准，但是通过对国内外大量研究资料的参考和多年研究，已经制定了一套獭兔日粮营养推荐标准。这套标准在近几年的应用中显示了良好的效果。这些标准涉及獭兔所需的全面营养成分，为保障獭兔的营养和健康提供了重要参考。獭兔全营养日粮标准营养成分推荐量如表 6-1 所示。

表6-1　獭兔全营养日粮标准营养成分推荐量

项　　目	1～3月龄生长獭兔	4月～出栏商品獭兔	哺乳獭兔	妊娠獭兔	维持獭兔
消化能/（MJ/kg）	10.46	9～10.5	10.46	9～10.5	9.0

项　目	1～3月龄生长獭兔	4月～出栏商品獭兔	哺乳獭兔	妊娠獭兔	维持獭兔
粗脂肪 /%	3		3	3	3
粗纤维 /%	12～14	13～15	12～14	14～16	15～18
粗蛋白 /%	16～17	15～16	17～18	15	13
赖氨酸 /%	0.80	0.65	0.90	0.60	0.40
含硫氨基酸 /%	0.60	0.60	0.60	0.50	0.40
钙 /%	0.85	0.65	1.10	0.80	0.40
磷 / %	0.40	0.35	0.70	0.45	0.30
食盐 /%	0.3～0.5	0.3～0.5	0.3～0.5	0.3～0.5	0.3～0.5
铁 /（mg/kg）	70	50	100	50	50
铜 /（mg/kg）	20	10	20	10	5
锌 /（mg/kg）	70	70	70	70	25
锰 /（mg/kg）	10	4	10	4	2.5
钴 /（mg/kg）	0.15	0.10	0.15	0.10	0.10
碘 /（mg/kg）	0.20	0.20	0.20	0.20	0.20
硒 /（mg/kg）	0.25	0.20	0.20	0.20	0.10
维生素 A/ 国际单位	10000	80000	12000	12000	5000
维生素 D/ 国际单位	900	900	900	900	900
维生素 E/（mg/kg）	50	50	50	50	50
维生素 K/（mg/kg）	2	2	2	2	2
维生素 B_{12}/（mg/kg）	0.02	0.01	0.02	0.01	0
维生素 B_1/（mg/kg）	2	0	2	0	0
核黄素 /（mg/kg）	6	0	6	0	0

项　目	1～3月龄生长獭兔	4月～出栏商品獭兔	哺乳獭兔	妊娠獭兔	维持獭兔
泛酸 /（mg/kg）	50	20	50	20	0
吡哆醇 /（mg/kg）	2	2	2	0	0
烟酸 /（mg/kg）	50	50	50	50	0
胆碱 /（mg/kg）	1000	1000	1000	1000	0
生物素 /（mg/kg）	0.2	0.2	0.2	0.2	0

由于各地饲料种类不同和地区的营养差异，在应用国外饲养标准时，应灵活掌握，因地制宜。

第三节　獭兔饲料的种类及营养

獭兔经常食用的饲料品种很多，但总的来讲可按其营养特性分为能量饲料、蛋白质饲料、粗饲料、青绿多汁饲料、维生素饲料和饲料添加剂等。

一、能量饲料

能量饲料是一类主要提供能量的饲料，其特点是干物质中粗纤维含量不超过 18%，粗蛋白质含量低于 20%，每千克含有超过 10.46MJ 的消化能。这类饲料种类繁多，包括谷物、糠麸、块根块茎类饲料、各种瓜果及其他副产品等。由于能量饲料富含高水平的可消化能，使其在獭兔饲养中扮演着重要角色，尤其在满足獭兔的生长发育、产毛、繁殖及泌乳等方面的能量需求上尤为关键。能量饲料通常被作为配合饲料的主要组成部分。

（一）谷物类饲料

谷物类饲料，主要源于禾本科植物的成熟种子，包括如玉米、小麦、大麦、稻谷和高粱等品种。这些饲料通常具有较好的适口性，其消化能含量和消化利用率都相对较高，使其成为动物饲养中的重要食物来源。然而，谷物类饲料的蛋白质含量相对较低，如赖氨酸、蛋氨酸和色氨酸等在内的必需氨基酸的含量也较低，这在一定程度上限制了其作为单一饲料来源的营养价值。

1. 玉米

玉米作为獭兔饲料中广泛使用的一种谷类籽实，其特点是能量含量较高，被视为重要的能量饲料原料之一。然而，玉米的蛋白质含量相对较低，平均大约含有 8.6% 的粗蛋白，这一含量低于大多数其他谷物（除稻谷外）。玉米中蛋白质的氨基酸构成也存在不平衡，特别是赖氨酸和色氨酸的含量极低。为了弥补这些营养上的不足，玉米经常与豆粕等其他蛋白质来源的饲料相结合使用，以达到更均衡的氨基酸补充效果。

2. 小麦

小麦作为獭兔饲料的一个重要组成部分，虽然其能量含量略低于玉米，但在蛋白质含量和质量方面却优于玉米。小麦中的赖氨酸含量相对较高，这是其营养上的一个显著优势。然而，小麦中的苏氨酸含量则偏低，需要注意这一营养成分的补充。小麦的粗纤维含量高于玉米，而粗脂肪含量则低于玉米，这些特性使得小麦成为獭兔饲料中的一个有益的成分。

3. 大麦

大麦，以其较高的蛋白质含量和中等的能量水平，在獭兔饲养中扮演着重要角色。大麦在长江流域广泛种植，大麦籽粒中的蛋白质和脂肪酸质量较为优良。然而，大麦中赖氨酸和胡萝卜素的含量较低，这需要在饲料配方中进行适当补充。大麦的籽粒皮较厚，含有较多的粗纤维，这使得其在獭兔饲料中是一个不错的选择，但需要与其他饲料成分平衡搭配以优化营养供给。

4. 稻谷

稻谷主要特点是碳水化合物的高含量，其中淀粉占比最大，大约占稻谷总重的 65% 左右。稻谷中还包含有稻壳，约占总重量的 18% 到20%。稻壳含有高达 50% 左右的粗纤维，这使得整体稻谷的能量含量相对较低，与大麦相似。然而，去壳后的稻谷能量含量则显著提升，成为一种更加高效的能量来源。在使用稻谷作为獭兔饲料时，去壳与否会直接影响到其作为能量饲料的有效性。

5. 高粱

高粱是一种营养丰富的饲料，其干物质含量占总量的大约 85.6% 至89.2%。特别是淀粉含量，占 65.9% 至 77.4%，这是其主要的能量来源。蛋白质含量也相当可观，大约在 8.26% 到 14.45% 之间，而粗脂肪含量则在 2.39% 至 5.47% 之间。每 100g 高粱米能释放出约 360KJ 的热量，仅略低于玉米的 362KJ，显著高于大多数其他禾谷类作物。

尽管高粱的能量和营养价值较高，但它的籽粒中含有单宁酸，这种成分会影响獭兔对高粱的适口性。在饲料中应该只少量添加高粱，以避免对獭兔食欲的负面影响。适当的高粱添加量可以为獭兔提供必需的营养，同时避免由于单宁酸含量过高而导致的消化问题。

（二）糠麸类饲料

糠麸类饲料是谷物加工的副产品。这类饲料与谷物类饲料相比粗纤维含量高、淀粉少，因此能量低，蛋白质含量高，矿物质中钙低磷高，B族维生素多，它们是獭兔重要的饲料原料之一。目前，獭兔常用的糠麸类饲料有米糠、脱脂米糠麦麸、次粉和高粱糠等。

1. 米糠、脱脂米糠

米糠是从糙米精加工过程中产生的副产品，通常含有约 12.5% 的粗蛋白质、14% 的粗脂肪、40% 的无氮浸出物、11% 的粗纤维和 12% 的粗灰分。它作为一种高能量饲料，应谨慎使用，因为过量使用可能导致轻度泻症，并且由于高脂肪含量，它不易长期储存。

脱脂米糠则是在从米糠中提取油脂之后得到的副产品，其粗蛋白质含量约为14%，粗脂肪含量降至1%，无氮浸出物约45%，粗纤维14%，粗灰分16%。与普通米糠相比，脱脂米糠由于脂肪含量较低，更不易腐败，同时保持了较高的蛋白质和其他营养成分，因此在獭兔的日粮中可以适当增加使用量，以提供更丰富的营养成分，同时避免米糠的某些贮存和使用限制。

2. 麦麸和次粉

麦麸是小麦加工过程中产生的副产品，主要包括大麸皮、小麸皮、次粉和胚芽粉等。其中次粉和小麸皮混合在一起常被称为混麸。混麸的主要营养成分包括约15.7%的粗蛋白质和大约10%的粗纤维，但其能量较低，钙含量较少而磷含量较高。

在使用麦麸时，由于其较低的钙含量，可能需要额外补充钙，以保持獭兔日粮中钙磷比的平衡。麦麸虽然有轻微的泻药作用，但由于其质地疏松、适口性好，通常在饲料中受到欢迎。由于麦麸的这些特点，它可以作为构成獭兔日粮的一个有效成分，尤其是在需要增加饲料中纤维含量的情况下。但在配合饲料时，应注意不要过量使用，以避免可能的消化问题。

3. 高粱糠

高粱糠是高粱加工过程中产生的副产品，它是一种营养丰富的饲料资源。高粱糠的粗蛋白质含量大约为10%，而在鲜高粱酒糟中，这一含量略降至约9.3%，在鲜高粱醋渣中则约为8.5%。尽管高粱糠具有一定的营养价值，但在实际生产中，其使用量通常较少。这可能是因为高粱糠的其他营养成分、适口性或可获取性方面存在一些局限。然而，在特定情况下，如需要增加饲料中的纤维含量，或是在高粱资源丰富的地区，高粱糠可以作为构成獭兔饲料的一个有价值的成分。在使用高粱糠作为獭兔饲料的一部分时，应考虑到其整体营养成分，并在饲料配方中作出相应的调整。

（三）块根块茎类饲料

块根块茎类饲料干物质中含较多的淀粉和糖，能量高，但矿物质钙和磷的含量都比较少，如果日粮中大量使用此类饲料，要注意补钙。獭兔常用的块根块茎类饲料有甘薯、土豆、胡萝卜、饲用甜菜和南瓜等。

1. 甘薯

红薯，也被称作甘薯、番薯或山芋，是一种富含淀粉的根类作物。这种植物的特点是高淀粉含量，但粗纤维、矿物质钙含量相对较低。它还含有较高的赖氨酸，这是一种重要的氨基酸。在以红薯作为主要饲料来源的地区，需要特别注意补充獭兔饲料中的蛋白质、维生素和矿物质，以确保獭兔的营养平衡和健康成长。红薯作为一种能量源，可以作为獭兔日粮的一部分，但必须与其他营养成分丰富的饲料相结合，以达到全面营养的目标。

2. 土豆

土豆，在北方地区普遍栽培，作为一种重要的饲料来源。新鲜土豆的水分含量约为80%，其干物质中大约有70%是淀粉，因此其消化能相对较高。需要注意的是，土豆的幼芽中含有龙葵碱，这是一种有毒物质，因此在喂食前应去除土豆芽。为了提高消化率和安全性，土豆在喂给獭兔之前最好煮熟，因为煮熟的土豆中的淀粉更容易被獭兔消化吸收。

3. 胡萝卜

胡萝卜是一种营养丰富的蔬菜，特别是在冬春季节，它成为维生素的重要补充来源。胡萝卜中含有的蔗糖和果糖为其赋予了良好的适口性，使其成为调节饲粮口味的理想选择。除此之外，胡萝卜对獭兔的健康有诸多益处：它能够促进机体的正常生长和繁殖，维护上皮组织的健康，有助于防止呼吸道感染，并保持视力正常。胡萝卜还可用于治疗夜盲症和眼干燥症等病状。

4. 饲用甜菜

饲用甜菜是一种营养价值较高的饲料作物。它的蛋白质含量大约为 8% 到 10%，含糖量则在 55% 至 65% 之间，因此提供了较高的能量值。然而，由于新鲜甜菜容易引起獭兔腹泻，建议在储存一段时间后再进行饲喂。甜菜中含有较高的钙和镁，并且这两种矿物质的比例十分适宜，对于獭兔骨骼的发育十分重要。除此之外，甜菜还富含硼元素，硼有助于机体更好地利用钙，因此规律性地喂食甜菜对獭兔的骨骼健康非常有益。

5. 南瓜

南瓜中的糖类和淀粉含量非常高。尽管蛋白质和脂肪含量相对较低，南瓜还是富含多种维生素和矿物质，特别是类胡萝卜素，这种重要的营养素在獭兔体内可以转化为维生素 A。维生素 A 对獭兔而言至关重要，不仅促进其上皮组织的生长和分化，维持正常视力，还有助于獭兔骨骼的健康发育。

（四）其他副产品

在开发饲料资源方面，獭兔的能量饲料选择可以扩展到一些甜菜加工产生的副产品，如甜菜渣和糖蜜。这些副产品是糖厂在提炼糖分过程中的剩余物，含有丰富的营养成分，可以有效地作为獭兔饲料的一部分，提供所需能量。这不仅有助于降低饲料成本，还有利于资源的合理利用和环境保护。

二、蛋白质饲料

蛋白质饲料，其干物质中的粗蛋白含量通常达到或超过 20%，同时粗纤维含量低于 18%。这类饲料主要分为植物性和动物性两大类。在植物性蛋白质饲料中，主要是各类油料植物的籽实，如大豆、棉籽、花生、菜籽等，这些籽实在榨油后形成的饼粕是獭兔重要的蛋白质来源。而动物性蛋白质饲料则包括鱼粉、羽毛粉和蚕蛹粕（粉）等，这些来源于动物的饲料富含高质量的蛋白质，对獭兔的生长和健康有显著益处。

（一）植物性蛋白质饲料

植物性蛋白质饲料主要包括豆科籽实、饼粕类和某些加工副产品。其中豆科籽实仅少量用作饲料使用，大部分是作为食品；饼粕类饲料是动物最主要的蛋白质饲料资源；常用的加工副产品主要有糟渣类和玉米蛋白粉等。

1. 豆科籽实

豆科籽实，如大豆、黑豆和豌豆，虽然常作为人类食品，但也可作为獭兔饲料使用。然而，生豆科籽实中含有抗营养因子，这些因子可能会影响獭兔的食欲和食物的消化吸收。特别是大豆，生食时其中的抗营养因子会影响獭兔的健康。幸运的是，通过加热处理，如膨化、炒熟或煮熟，可以有效地破坏这些抗胰蛋白酶因子。在饲喂獭兔时，应确保大豆等豆科籽实经过熟化处理，以保证其安全性和营养价值。

2. 饼粕类饲料

饼粕类饲料是指含油多的籽实脱油后的副产品，主要包括豆饼（粕）、棉籽饼（粕）、花生仁饼（粕）、菜籽饼（粕）等。

（1）大豆饼（粕）：大豆饼（粕）是中国重要的植物性蛋白质饲料来源，其质量在各种饼粕类饲料中居首位。这种饲料通常呈片状或粉末状，具有特有的豆香味。优质的大豆饼（粕）表现为不规则的碎片状，颜色从浅黄到淡褐，色泽均匀，并有豆香味。颜色金黄、颗粒均匀且带有豆香的豆粕是上乘选择。而颜色灰暗、颗粒不均匀、带有霉变气味的豆粕则质量较差。

大豆饼（粕）的粗纤维含量相对较低，大约为5%，而其蛋白质含量极高，达到40%至45%。这种蛋白质质量良好，赖氨酸含量在2.5%至

2.9%，超过其他饼粕类饲料。其代谢能也相当高，介于 9.2 至 11.0MJ/kg 之间，在饼粕类饲料中仅次于花生仁饼（粕）。不过，大豆饼（粕）的蛋氨酸含量相对较低，尤其是与其赖氨酸含量相比。虽然大豆饼（粕）含有较高比例的磷，但其中大部分是植酸磷，利用率不高。虽然它含有丰富的 B 族维生素，但缺乏胡萝卜素。

（2）棉籽饼（粕）：棉籽脱壳后经压榨或浸提脱油后的产品即为棉仁饼或粕。棉籽饼（粕）的粗纤维含量一般在 12% 左右，粗蛋白质含量 40%～46%，赖氨酸含量 1.89%～2.29%，赖氨酸含量低，蛋白质品质较差，B 族维生素含量较豆粕低，缺乏维生素 A、维生素 D。

（3）花生仁饼（粕）：花生仁饼（粕）通常呈淡褐色或深褐色，具有花生特有的淡淡香味，其形态为块状或粉状。这种饲料的代谢能量极高，达到了 12.6MJ/kg，是饼粕类饲料中能量含量最高的一种。花生仁饼（粕）的粗蛋白质含量也很高，大约在 44% 至 45%，但蛋白质品质不如大豆饼（粕）。其赖氨酸含量介于 1.3% 到 1.5% 之间，约为豆饼粕的一半，但氨基酸的利用率高于棉籽饼（粕）。

花生仁饼（粕）的另一个显著特点是适口性好，易被獭兔接受。然而，在贮存过程中，花生饼（粕）极易被黄曲霉菌污染。黄曲霉毒素会导致动物肝脏和肾脏肥大、充血，甚至死亡。一旦花生饼（粕）被黄曲霉污染，就很难除去。在储存和使用花生仁饼（粕）时，需要格外注意防止霉菌的感染。

（4）菜籽饼（粕）：菜籽饼（粕）是从油菜籽中提取油脂后的副产品，颜色因油菜品种的不同而有所差异，常见的颜色包括黑褐色、黑红色或黄褐色，形态为小碎片状，并带有轻微的菜籽压榨后特有的味道。菜籽饼（粕）的粗蛋白质含量处于中等水平，大约为 35% 至 39%，粗纤维含量约为 12%，赖氨酸含量在 1.24% 至 1.32% 之间，同时含有丰富的微量元素硒。

菜籽饼（粕）的氨基酸构成特点是赖氨酸含量较低，而蛋氨酸和胱氨酸含量较高，精氨酸含量极低。它适合与精氨酸含量高的蛋白质饲料结合使用，如与棉籽粕或花生粕搭配，可取得较好的效果。然而，菜籽饼（粕）的适口性相对较差，可能不太受獭兔的喜爱。

（二）动物蛋白质饲料

动物性蛋白质饲料，如鱼粉、羽毛粉、蚕蛹粉等，是由动物直接或间接制成的产品。这些饲料在营养上具有几个显著特点。

（1）高蛋白含量：动物性蛋白饲料的蛋白质含量普遍较高，除了乳制品和肉骨粉的蛋白含量在 27.8% 到 30.1% 之间，其他大多数动物性蛋白质饲料的蛋白含量都超过了 50%。这些蛋白质质量优良，富含多种必需氨基酸，特别是植物性饲料中缺乏的赖氨酸、蛋氨酸和色氨酸。

（2）高能值：由于动物性蛋白质饲料的无氮浸出物含量较低（除乳制品外），粗纤维几乎为零，加上高脂肪和高蛋白质含量，这些饲料的能量值通常较高。

（3）丰富的矿物质和维生素：这类饲料中的矿物质和维生素含量较高，特别是钙和磷含量丰富且比例合理，有利于动物吸收和利用。同时，动物性蛋白饲料还含有丰富的维生素，尤其是维生素 B_2 和 B_{12}。

（4）特殊的营养作用：动物性蛋白饲料含有一种特殊的未知生长因子，这种因子可以促进动物提高对营养物质的利用率，并在不同程度上刺激生长和繁殖，这是其他营养物质无法替代的作用。

1. 鱼粉

鱼粉是一种高蛋白质水平的饲料，其蛋白质含量通常在 55% 到 60% 之间。它的氨基酸含量高，是与植物性蛋白饲料混合使用的理想选择。在维生素方面，鱼粉富含脂溶性维生素，以及高含量的维生素 B_{12}。鱼粉还富含矿物质，包括 3.5% 到 5.0% 的钙和 2.5% 到 3.4% 的磷，并含有较高量的硒和锌。这种饲料中的蛋白质具有较高的营养价值，因此在饲养动物时效果良好。鱼粉含有一定量的盐分，其含盐量通常在 1% 到 4% 之间。

2. 羽毛粉

羽毛粉是通过将家禽屠宰后的清洁、未腐败羽毛经过蒸汽高压处理后制成的产品。这种处理方法能将羽毛转化为一种蛋白质含量较高的饲料，其蛋白质含量通常在81%到83%之间。尽管如此，羽毛粉的蛋白质品质并不理想，特别是在蛋氨酸、赖氨酸和色氨酸含量方面较低，而精氨酸和胱氨酸含量较高。除了蒸汽高温高压水解法，还有化学法、生物法和复合处理法等其他处理方法，这些方法可以显著提高羽毛粉的消化率。在实际应用中，羽毛粉可以用来替代约2.5%的豆饼蛋白质，而与骨粉或杂碎粉混合使用时，可以替代高达5%的大豆蛋白质，从而带来更好的饲养效果。

三、粗饲料

粗饲料主要有植物秸秆、干草和树叶等，它的显著特征是含有较高比例的粗纤维，通常在30%到50%之间。这类饲料的粗蛋白质含量相对较低，大约在3%到4%，维生素含量也较低，约为3至4mg每kg。粗饲料中无氮浸出物含量较高，通常在20%至40%，含有较高比例的钙而磷含量较低。粗饲料的一个重要特点是体积大且质地较粗硬，这使得它们难以被消化，养分的可利用率较低。尽管如此，粗饲料的来源广泛，种类繁多，并且价格低廉，这使得它们成为獭兔等家畜日常饲料的重要组成部分。

四、青绿多汁饲料

青绿多汁饲料是一类具有高水分含量（超过60%）的植物性饲料，包括秸秆、块根块茎、饲草及各种叶菜类。这类饲料以其高产量、质地柔软松脆、良好的适口性、易消化性和较高的营养价值而受到养殖业的青睐。在养殖实践中，尤其是獭兔养殖，青绿多汁饲料扮演着重要角色，被广泛采用。

青刈饲料，作为青绿多汁饲料的一部分，通常指在作物结实前或籽粒未成熟阶段收割的玉米、麦类、豆类等农作物及饲料作物。这类饲料富含维生素和碳水化合物，且具有良好的适口性，是獭兔喜食的饲料之一。在我国獭兔的饲养中，常用的青刈饲料包括牧草、作物的茎叶、藤蔓、树叶、水生作物以及各种野草和野菜，但应注意合适的刈割时间以确保饲料的营养价值。

块根块茎类和部分多汁果实，如胡萝卜、南瓜、苹果等，也是獭兔饲喂中不可忽视的部分。这些饲料不仅丰富了獭兔的饮食，也为其提供了必要的水分和营养。

叶菜类饲料，包括天然牧草、栽培牧草、田间杂草、菜叶类、水生植物和嫩枝树叶等，通常以鲜喂或半干喂的方式提供给獭兔。这类饲料的使用为獭兔提供了丰富的纤维素和营养成分，有助于其消化系统的健康。

五、矿物质饲料

矿物质饲料在獭兔的饲养中虽占较少比例，但对其正常生长和繁殖起着至关重要的作用，是獭兔日粮中不可或缺的成分。这类饲料主要包括食盐、贝壳粉、脱脂骨粉、磷酸钙类及微量元素如铁、铜、锌、锰、硒和碘等。

食盐在獭兔日粮中的使用量一般保持在0.3%至0.4%，过量使用会对其生长造成抑制。钙和磷作为骨骼和牙齿的主要成分，对獭兔尤为重要，缺乏这两种成分可能导致骨薄、骨质多孔、质脆等现象。幼兔体内的钙、磷缺乏可能导致生长停滞和消化机能衰退，而成年公兔则可能导致精液形成受阻和性机能下降。钙、磷的补充对于怀孕和哺乳期母兔同样重要，以保证胎儿和仔兔的正常生长发育。常见的钙、磷补充源包括植物秸秆、豆科子叶、鱼粉、贝壳粉、蛋壳粉和骨粉等。

微量元素虽需求量微小，但对獭兔的生理功能至关重要。铁、铜、钴是造血过程中不可缺少的元素，铁是血红蛋白和肌红蛋白的组成成分，关键作用于氧气在血液中的运输和细胞内的生物氧化过程。铜虽非血红素组成，但与造血和骨骼发育密切相关。钴则是维生素B12的组成部分，缺乏时会影响铁的代谢。硫和钴作为胱氨酸与蛋氨酸的原料，对兔毛生长具有重要作用。碘和锌则分别是甲状腺和甲状腺素的组成元素，以及碳酸分解酶的重要组成部分，对獭兔的生长繁殖和泌乳起着关键作用。

六、维生素类饲料

维生素对于獭兔的新陈代谢至关重要，缺乏某种维生素可能导致食欲减退、生长停滞、生产力下降、抗病力减弱，甚至死亡。尽管獭兔对维生素的需求量较小，但它们在体内不能自行合成大多数维生素，因此需要通过饲料持续补充。

维生素A主要通过食物中的胡萝卜素转化而来，对獭兔的生长发育、抵抗力提升、公兔精子活力增强及眼睛功能维持等方面起着重要作用。维生素B包括11种生物化学性质各异的维生素，其中维生素B1素（B_1）、核黄素（B_2）、泛酸（B_3）、胆碱（B_4）、烟酸（B_5）和叶酸（B_{11}）在獭兔体内的氧化还原反应、代谢过程以及血液和免疫系统功能中扮演关键角色。维生素D对獭兔钙磷吸收至关重要，缺乏可引起幼兔软骨病和母兔瘫痪，而通过阳光照射，獭兔皮肤内的麦角固醇能转化为维生素D。在无法获得充足阳光照射的舍饲条件下，饲料中应补充维生素D。维生素E，又称生育醇，对獭兔繁殖至关重要，缺乏时可降低母兔受胎率，影响公兔精子的形成。维生素K在植物的子叶中含量丰富，獭兔通过自食软粪能有效吸收。在特定情况下，如使用磺胺类药物和抗生素、球虫病感染期、手术前后以及妊娠和分娩期，需补充维生素K。

第七章 獭兔饲料的加工调制

第一节 青绿多汁饲料的加工调制

青绿多汁饲料是獭兔最喜爱的日粮之一，多以青绿或干制后直接补饲，或与精料混合使用。目前，养殖户对青绿多汁饲料处理方式有3种：即时加工调制、干制和青贮。

一、即时加工调制

为了适应獭兔的饮食需求，新鲜采购的青绿多汁饲料需经过即时加工调制，使其更加便于獭兔采食。这种加工处理涉及将牧草、蔬菜以及高营养植物秸秆等适口性好的饲料切割成1至2cm的短段，特别是对于水分过多的饲料，需先稍作阴干处理后再进行切割。对于体积较大的块根块茎类饲料，如胡萝卜、大萝卜、甜菜和甘薯等，则需通过刨丝或切片加工，以便混入饲料中或制成颗粒喂养。特别注意，马铃薯在喂养獭兔前应先煮熟，避免食用患黑斑病的甘薯和发芽的马铃薯。

二、干制

干制是一种将含水量高的青绿饲料转换为更易于储存和运输的形式，如制成青干草（秸秆）或草粉，以便能够长期保存。草粉的营养价值由其原材料的种类、植物的生长阶段以及加工技术等因素决定。通常，豆科植物干草中的粗蛋白含量较高，而豆科植物、禾本科植物和谷类作物的干草在有效能值方面差异不大。干燥过程中，制草时间越短，养分的损失越少。在干燥的天气条件下制作的干草，养分损失通常不会超过20%。然而，在潮湿或雨季制作的干草，养分损失可能超过15%，其中主要是可溶性养分和维生素的损失。相比之下，在控制条件下制作的干草，养分损失可以控制在5%到10%之间，而且所含的胡萝卜素比晒干的草多3到5倍。

三、青贮

青贮是一种保存饲料的方法，主要用于新鲜植物性饲草，如自然生长的或人工种植的牧草，以及如玉米和高粱等饲料作物。此方法通过调节含水量至65%至70%来制成青贮饲料，或调至45%至55%以制成半干青贮饲料。青贮能够有效地保留青绿植物的营养成分，是一种既经济又安全的饲草储存技术。普遍情况下，成熟后晒干的青绿植物会损失30%至50%的营养价值，而通过青贮处理，可以保留大约90%的营养物质，并能长期维持饲料的高品质。但青贮饲料摄入过多会影响獭兔盲肠内微环境的酸碱度进而影响对营养物质吸收，因而不建议过多使用。

第二节　粗饲料的加工调制

粗饲料质地坚硬，含纤维素多，其中木质素比例大，适口性差，利用率低，通过加工调制可使这些性状得到改善。

一、物理处理

物理处理是通过机械、水和热力等物理手段来改变粗饲料的物理性状，从而提高其利用率。这包括将饲料切短以便于獭兔咀嚼，并易于与其他饲料混合；通过在温水中加入食盐浸泡切短的秸秆，使其软化，提高其适口性和易于采食性；通过将切短的秸秆蒸煮并焖煮，软化纤维素，增强适口性。另外，还有热喷处理法，即将秸秆和荚壳等粗饲料在高温高压蒸气中处理后膨化，使其结构变得疏松，适口性好，从而提高獭兔的采食量和消化率。这些物理处理方法不仅提升了饲料的质量，也促进了獭兔的健康和生长。

二、化学处理

化学处理是指使用化学试剂，如酸和碱，来处理秸秆等粗饲料，目的是分解其中难以消化的成分，从而提高其营养价值。这包括利用氢氧化钠处理以疏松秸秆结构，并溶解难消化物质，提高有机物质的消化率，一般通过在秸秆上均匀喷洒 2% 的氢氧化钠溶液并在 24 小时后清洗；石灰液钙化处理不仅具有类似的作用，还能补充钙质，是一种简便且成本低的方法，通过将切碎的秸秆浸泡在石灰和盐水混合液中；碱酸处理先将秸秆浸泡在氢氧化钠溶液中，再在盐酸中浸泡，以此来处理秸秆；最后是氨化处理，使用氨或氨类化合物处理秸秆，软化植物纤维，提高粗纤维的消化率，并增加粗饲料中的含氮量，以改善其营养价值。这些化学处理方法显著提升了秸秆等粗饲料的营养质量，有利于提高獭兔的健康和生产效率。

第三节　能量饲料的加工调制

饲用农作物秸秆、果实及其副产品是獭兔日粮中的重要成分，直接饲喂会严重导致部分营养流失或降低利用效果。所以，这类饲料也需要加工调制。

一、植物籽粒的粉碎与挤压

粉碎和挤压是处理植物籽粒以便动物摄食的一种普遍且简单的方法。这一过程使得种子更易于动物咀嚼，增加了饲料与消化液的接触面积，进而使消化过程更加彻底，提升了饲料的消化率和效益。对于像玉米这样颗粒大且硬的种子，不易于某些动物如獭兔的食用，可以通过挤压改变其形态或者进行粗略的粉碎来喂养。大麦、小麦、稻谷、燕麦和高粱等都可以通过颗粒化或粗略粉碎来喂养。一般来说，谷物饲料在压扁或粉碎后喂养效果较好，理想的粉碎程度应控制在 1 到 2mm 之间。如果粉碎得过细，小于这一范围，可能会引起獭兔出现腹泻的问题。

二、浸泡

浸泡饲料是一种简单有效的方法，它涉及将谷类、豆类和油饼类饲料置于水池或桶中，以 1:1 至 1:1.5 的比例加入水。这个过程使饲料吸收水分并膨胀变软，从而更易于动物咀嚼和消化。浸泡还有助于减少某些饲料的毒性和异味，提高其适口性。然而，控制浸泡时间至关重要，因为过长的浸泡时间不仅会导致营养素被水溶解，从而造成损失，还可能降低饲料的适口性，甚至导致饲料变质。

三、蒸煮

蒸煮是处理某些饲料的重要方法，特别是对于像马铃薯和豆类这样含有不良物质的饲料。通过蒸煮，这些饲料中的有害成分可以被中和，还能提高饲料的适口性和消化率。然而，蒸煮时间需谨慎控制，通常不应超过 20 分钟，因为过长的蒸煮时间可能导致蛋白质变性和某些维生素的损失。

四、发芽

在饲养母兔时，尤其在青饲料短缺的时期，维生素的供应不足可能会影响獭兔的生育能力。为了弥补这一不足，生产上经常采用发芽大麦作为补充饲料。发芽过程中，大麦中的部分蛋白质会转变为氨基酸，并且糖、胡萝卜素、维生素 E、维生素 C 以及维生素 B 的含量会显著提高，这对满足母兔对维生素的需求至关重要。

发芽的步骤包括首先将籽粒在 30 至 40℃的温水中浸泡 24 小时，期间可以更换水一到两次。浸泡后，将水排掉，并把籽粒放入容器中，覆盖一块保温布，保持环境温度在 15℃以上。每天早晚用 15℃的清水清洗一次，3 天后籽粒就会开始发芽。通常在 6 到 7 天内，当芽长到 3 到 6cm 时，就可以用来饲喂了。

五、籽实饲料的香化

对于籽实类饲料，尤其是谷类籽实，采用高温焙炒的方法能够将其中的部分淀粉转变为糊精，并产生香味，从而提高饲料的适口性。在冬季，对高粱、玉米、豆类等籽实进行焙炒和粉碎处理，并与其他饲料混合喂养，不仅能增加饲料的吸引力，还有助于提升獭兔的消化率。

六、带壳饲料的碱化

对于带壳饲料，如坚硬的秸秆或谷类残渣，由于它们不易被獭兔采食和消化，可采用碱化处理来改善这一情况。这一处理方法包括将饲料置于缸中或水泥池中，用 1% 至 2% 的石灰水浸泡 1 至 2 天。处理后的饲料需用清水洗净，并根据需要进一步加工。经过碱化处理的秸秆类粗饲料，其粗纤维的硬度会降低，从而明显增加獭兔的采食量和提高消化率。然而，在獭兔日粮中，碱化饲料的使用量应控制在每千克 80 至 100g 以内。

第四节　蛋白质饲料的加工调制

蛋白质饲料通常为农作物果实和动物经处理加工后的副产品，由于蛋白质饲料获取的方式不同，有的直接饲喂会导致部分獭兔中毒或降低利用效果。所以，这类饲料也需要加工调制。

一、豆饼类饲料的热处理

豆饼类饲料的热处理是一种通过软化饲料以提高其适口性和采食量的方法。这种处理通常包括蒸煮、浸泡或膨化。由于豆类或豆饼饲料含有抗胰蛋白酶，生喂可能会降低消化率，因此应在喂养前 3 到 4 小时用热水浸泡，或者煮熟后再喂给獭兔。需要注意的是，加热时间不应过长，以避免蛋白质难以消化吸收、营养价值降低和适口性减少。豆腐渣和甘薯等应经煮熟后喂养，但喂量要适中，以防止拉稀。膨化则是一种通过高压水蒸气处理后突然降压来破坏纤维结构的方法，这对秸秆甚至木材也是有效的。

二、带毒饲料的脱毒

棉籽饼、菜籽饼是獭兔常用的补充性蛋白质饲料，但它们都含有毒素。因此，在使用之前必须进行去毒处理，而且要限制喂量。

（一）棉籽饼去毒方法

棉籽饼是一种常用的饲料，但由于含有游离棉酚，未经处理或不当使用可能会导致獭兔中毒。因此，使用前必须对棉籽饼进行去毒处理。处理方法包括以下几种。

（1）中和脱毒浸泡法：此方法基于游离棉酚与某些金属离子结合形成动物体不吸收的物质，从而失去毒性的原理。可以使用与棉籽饼中游离棉酚等量的硫酸亚铁，混合后与其他饲料一起饲喂。

（2）水煮脱毒法：此法利用加热煮沸使棉籽饼中的游离棉酚与部分水溶性化合物结合，从而失去毒性。将粉碎的棉籽饼加水煮沸，保持煮沸半小时后冷却，再进行饲喂。

（3）高水分蒸炒：这种方法在制油工艺中被使用，通过高水分蒸炒减少棉籽饼中游离棉酚的含量，其原理与水煮法相似。

（二）菜籽饼去毒方法

菜籽饼含有对獭兔有害的硫葡萄糖苷毒素，在未经去毒处理前不宜用于喂养。为确保獭兔安全，需采取以下去毒方法，并在喂养时限制其在日粮中的比例不超过 10%。

（1）土埋法：选取阳光充足、干燥、地温较高的地点，挖长方形坑（宽 0.8m，深 0.7-1m，长度视菜籽饼量而定），将 1:1 比例水浸泡软化的菜籽饼埋入坑中，坑底和顶部覆盖一层草，再覆土 20cm 以上。埋藏两个月后，可去除超过 90% 的毒素，但蛋白质损失率在 3% 至 8% 之间。

（2）氨处理法：以 7% 的氨水 22 份均匀喷洒于 100 份菜籽饼上，盖3 至 5 小时后，放入蒸笼蒸 40 至 50 分钟，晒干或炒干后再喂养獭兔。

（3）碱化处理法：对 100 份菜籽饼加入含纯碱 14.5% 至 15.5% 的溶液 24 份，同样盖 3 至 5 小时，随后蒸 40 至 50 分钟，晒干或炒干后喂养。

除此之外，还有发酵脱毒法和添加剂脱毒法等其他方法。总的来说，经过适当地去毒处理后，菜籽饼可作为獭兔日粮的一部分，但应确保其比例不超过总日粮的 10%。

三、豆科籽粒的熟化处理

豆科籽粒，如大豆和黑豆，富含赖氨酸，具有高质量的蛋白质，但直接食用时其消化吸收效果并不理想。为提高这些籽粒的适口性和消化率，可以通过高温焙炒处理。这种处理方法不仅能将部分淀粉转化为糊精，产生香味，还能有效增强饲料的吸引力和提升其消化率。

第五节　獭兔饲料添加剂的调制

目前，我国多数獭兔养殖场和养殖户都在比较粗放的条件下饲养，日粮中由于缺乏蛋氨酸、胱氨酸或维生素、矿物质等，导致皮毛品质下降，被毛无光泽、褪色，产生脱毛等现象，影响了皮板质量。

一、饲料添加剂的种类

獭兔饲料添加剂的分类目前还在探讨中，主要因为这些添加剂种类繁多，功能多样，包括营养性、促生长、保健抗病等，且它们之间存在作用拮抗和交叉效应，难以在传统的生理、药理或营养理论上进行明确划分。尽管如此，根据添加剂的使用目的和效果，可以大致将它们归纳为六大类。

第一，补充和平衡营养类：这类添加剂包括氨基酸、维生素、微量矿物元素和非蛋白氮化合物等，用于补充和平衡獭兔饮食中的营养成分。

第二，保健和促生长剂类：涵盖了抗生素、合成抗菌药物、驱虫剂等，这些添加剂既有保健作用，又能促进饲料养分的利用和动物的生长。

第三，生理代谢调节剂类：包括激素类（如性腺类固醇及其类似物、生长激素、肾上腺素等），抗应激类（如氯丙嗪、维生素 C 等）和中草药类。

第四，增进食欲助消化类：这一类包括酸化剂、甜味剂、鲜味剂、香料、生菌剂（益生素）、酶制剂和缓冲剂等，旨在提高獭兔食欲和辅助消化。

第五，饲料加工及保存剂类：涉及防霉剂、抗氧化剂、黏结剂、抗结块剂、乳化剂、青贮保存剂等，用于改善饲料的加工质量和保存性。

第六，其他类：包括着色剂、饲料色素、活性炭、沸石、麦饭石、膨润土、硝酸稀土等，用于提升饲料的其他方面性能。

这些分类反映了饲料添加剂在獭兔饲养中的多功能性和复杂性。

二、使用饲料添加剂应注意的问题

随着科技进步，獭兔饲料的添加剂种类日益增多，但农户对其使用方法了解不足，可能导致效果不佳或出现中毒的情况。在使用饲料添加剂时，应注意以下几点。

首先，选择知名厂家的高效益、高质量产品，因为这些产品质量较稳定，出现问题的风险较低。其次，科学使用添加剂非常重要，应根据獭兔的种类、生长阶段和健康状况有目的地使用，以免降低效果或引起中毒。最后，注意添加剂的适量使用，按照说明进行添加，避免过量使用，如硒的过量添加可能导致成本增加和动物中毒。

在混合添加剂时，应确保混合均匀，以达到预期效果。对于某些添加剂，如维生素、氨基酸、抗生素类，切忌煮沸使用，以免失效。同时，注意配伍禁忌，避免发生对抗作用。例如，钙、磷不宜与碱性较强的胆碱同时使用，维生素 C 过量可能减少铜在体内的吸收和贮存。

添加剂的采购和储存也很关键，应勤购少买，关注生产日期、保质期和贮存条件，避免潮解、结块等问题。使用添加剂配制的全价料应尽量缩短存放时间，以保持鲜度和效果。

第六节　獭兔颗粒饲料的加工调制

为维持饲料的均质性，制成颗粒形式的饲料是一个有效的选择。这种方法不仅有助于淀粉的熟化（如大豆、豆饼和谷物中的抗营养因子发生变化，减少对獭兔的潜在危害），还能显著提高混合饲料的适口性和消化率，从而提高生产效率，并减少饲料的浪费。颗粒饲料还便于储存和运输。尽管颗粒饲料有许多优点，但在加工过程中还需注意影响饲喂效果的几个关键因素。

一、原料粉粒大小的控制

在制作獭兔颗粒饲料时，控制原料粉粒的大小至关重要。如果粉粒过大，可能会妨碍獭兔的消化吸收；而粉粒太小则容易导致肠炎。理想的粉粒直径应在 1 至 2mm 之间。添加剂的粒度最好控制在 0.18 至 0.60mm 之间，以便于搅拌均匀，并促进獭兔的消化吸收。

二、粗纤维含量的控制

在制备獭兔颗粒饲料时，控制粗纤维含量和水分是关键。颗粒料中的粗纤维含量最适宜保持在 12% 到 14% 之间。为了预防颗粒饲料发霉，水分含量也需严格控制，北方地区低于 14%，而南方地区则应控制在 12.5% 以下。考虑到食盐具有吸水性，其在颗粒料中的添加量应不超过 0.5%。还需要添加 1% 的防霉剂丙酸钙和 0.01% 至 0.05% 的抗氧化剂，如丁基化羟甲苯或丁基化羟基氧基苯。颗粒的尺寸也需精确控制，直径宜为 4 至 5mm，长度应为 8 至 10mm，这样的规格对于喂养獭兔效果最佳。

三、制粒原料的选择

在选择制粒原料时，考虑到獭兔的饮食习惯和用料目的，可以分为两种类型：全营养颗粒和单一饲料颗粒。全营养颗粒是基于獭兔的营养需求而制定的，它由预先混合好的全价料加工而成，便于獭兔采食。而单一饲料颗粒通常是豆科植物的饲料，如将收割后的大豆秧晒干、粉碎并加工成颗粒，这种饲料通常用作獭兔日常饮食的补充。

四、制粒过程中的变化

在制粒过程中，饲料会因为压制动作而温度升高，或者是在压制之前通过蒸汽加热，导致饲料在高温状态下停留时间过长。这种高温环境对饲料中的粗纤维和淀粉有积极影响，但对于维生素、抗生素、合成氨基酸等热敏感营养成分则可能产生负面效果。在配制颗粒饲料时，应当考虑适当增加这些热敏感营养成分的比例，以补充在高温处理过程中可能发生的营养损失。

第八章 獭兔全价饲料的配制

第一节 獭兔日粮配制的基本原则

獭兔是杂食性草食动物，它的生物学特性决定着獭兔采食多样性的特点。在配制獭兔日粮时，应根据单一饲料的营养成分，采取多种饲料原料搭配组合，以达到饲料能量的总体平衡，满足獭兔的日常需要。

一、选择适合的獭兔饲养标准、确定营养需要量

獭兔生产按照生产方向可分为长毛兔、肉兔和獭兔生产，每个方向的饲养标准有所不同，适应各自的特定需求。在长毛兔生产中，可参考的标准包括 Klaus 和 Rougeot 提出的产毛兔营养需求。同时，中国科学工作者在 1994 年提出了适合中国国情的"安哥拉兔饲养标准"，已被广泛应用。

肉兔生产方面，可参考的标准包括美国 NRC 标准、法国 Lebas 营养需求量标准和法国 AEC 兔营养需求量标准。中国自身的肉兔饲养标准较少，但在 1988 年根据新西兰兔、日本大耳兔和青紫兰兔的研究，形成了一套适宜的营养浓度标准。

对于獭兔生产，由于缺乏专门的饲养标准，生产者通常采用肉兔的饲养标准。但在日粮配合时，需考虑獭兔和肉兔在营养需求上的差异，

特别是在蛋白质、赖氨酸和含硫氨基酸等方面。獭兔的营养需求量或饲养标准应根据具体情况灵活调整。

在制定獭兔的饲养标准时，需要考虑的关键指标包括能量、蛋白质、赖氨酸、蛋氨酸、钙、磷和粗纤维。这些标准应根据可用的饲料资源、原料种类及计算的便利性来确定。实际应用时，养殖者应结合地方具体情况和个人经验，适当调整饲养方案。

二、确定獭兔原料饲料的使用范围

獭兔日粮的合理组合关键在于平衡各类饲料原料的使用比例，以满足獭兔的营养需求。常用饲料原料的推荐比例如下。

粗饲料：包括干草、秸秆、藤蔓等，占日粮的35%～45%。这类饲料提供必要的粗纤维，帮助獭兔维持良好的消化系统健康。

能量饲料：如玉米、大麦等谷物类，应占日粮的25%～35%。这些饲料主要提供能量，帮助獭兔维持生命活动和生长。

植物蛋白质饲料：各种饼粕类等，占日粮的5%～15%。植物蛋白质饲料为獭兔提供必需的氨基酸，促进其健康成长。

动物蛋白质饲料：如鱼粉等，可以占日粮的0～5%。这类饲料主要提供高质量的蛋白质和必需氨基酸，有助于獭兔的生长发育。

无机盐饲料：包括骨粉、石粉等，应占日粮的1%～3%。这些饲料供给獭兔所需的矿物质，对其骨骼和牙齿发育至关重要。

饲料添加剂：包括微量元素等，占日粮的0.5%～1%。这类添加剂有助于提升獭兔的整体健康和生产效率。

通过这种多元化的饲料配比，能有效保证獭兔获得全面的营养，同时还有助于提高生产效率和质量。

三、确定獭兔日粮配制时所需的原料的种类

在獭兔日粮配制中，养兔者需要综合考虑各种原料的属性和营养价

值，确保獭兔获得平衡的营养。首先，原料种类的选择应兼顾多样性和营养平衡。日粮中应包括粗饲料（如干草、秸秆、藤蔓等），能量饲料（如玉米、大麦等谷物），植物蛋白质饲料（如各种饼粕类），动物蛋白质饲料（如鱼粉等），无机盐饲料（如骨粉、石粉等），以及饲料添加剂（如微量元素等）。同时，需考虑饲料原料的属性，确保粗饲料、能量饲料、蛋白质饲料和矿物质饲料之间的合理搭配，不能简单地用一种原料替代另一种。

粗饲料原料，如玉米秸、地瓜秧、花生秧、草粉、苜蓿粉等，其营养成分可能存在较大差异，养兔户在选择哪种原料时应根据这些原料的质地来大致确定其营养成分的含量。精饲料中的玉米、麸皮、豆粕（饼）及矿物质饲料如石粉、骨粉等营养成分变化相对较小。养兔户应根据每批原料的实际情况进行调整，确保獭兔的日粮营养均衡，以支持其健康生长和生产性能的最大化。

四、注意考虑配制獭兔日粮时的适口性

在配制獭兔日粮的过程中，除了营养价值的考量，饲料的适口性也是重要的考虑因素。獭兔作为草食性家畜，对动物性原料的适口性较低。因此，使用如鱼粉、肉骨粉等动物性原料时，应控制其在日粮中的比例，避免过量使用。对于适口性较差的饲料，如血粉、菜籽饼等，也需要限制使用量。过多使用这些原料不仅可能影响獭兔对饲料的接受程度，还有可能提高饲料成本。因此，在日粮配制时，应综合考虑适口性和成本效益，以确保獭兔能有效摄取必要的营养，同时保持日粮的经济性。

五、獭兔日粮配制时应考虑兔的消化特点

在配制獭兔日粮时，考虑兔子的消化特性和生理需求是至关重要的。日粮应根据獭兔的生产目的（如肉、毛、皮等）和不同的生理状态（妊娠、哺乳、生长、育肥和种公兔）进行定制。特别是对仔兔和幼兔，日

粮中粗饲料的比例需要精心调整，以确保既不影响消化器官的正常发育，也不导致消化不良。不同类型的饲料对獭兔的影响各异，如某些饲料摄入过量可能导致獭兔便秘，而其他饲料则可能引起腹泻。对这些饲料的使用量必须严格控制，避免给獭兔造成不良影响，确保其健康成长。

六、注意考虑獭兔日粮配制的季节问题

在配制獭兔日粮时，季节变化对其饲养有显著影响，尤其在夏季和冬季。夏天由于天气炎热，獭兔的白天采食量通常较少，它们更倾向在相对凉爽的夜间进食。冬季由于白天时间较短，獭兔的采食活动主要集中在夜间较长的时间段。因此，实施"夜饲"策略十分重要，即在晚上睡觉前提供一次饲料。这包括在饲槽中放入混合精料、湿拌粉料或颗粒饲料，并确保饮水器中有充足的水。同时，草架上应悬挂饲草，主要以青绿饲料为主，以便獭兔在夜间自由采食。重要的是在避免浪费的前提下，鼓励獭兔尽可能多地进食。

七、注意要保持獭兔日粮的相对稳定

在獭兔饲养中，保持日粮的稳定性极为重要。一旦确定了一种适合獭兔的、效果良好的日粮配方（如喜食性高、生长迅速、饲料利用率优良、成本效益佳），就应尽可能保持这一日粮的连贯性，避免进行过于频繁或急剧的改变。突然的日粮变化容易引起獭兔的应激反应，影响其健康和生长。如果需要更换日粮，应采用渐进式的过渡方法，让獭兔有足够的时间逐渐适应新的饲料，以确保顺利地过渡和最小的负面影响。

八、应注意考虑獭兔日粮配制时的年龄、体况问题

在配制獭兔的日粮时，应充分考虑獭兔的年龄和体况。由于幼兔、青年兔、妊娠兔、哺乳兔等在不同的生长阶段对营养的需求有所不同，因此，尽管国内尚未有统一的獭兔饲养标准，仍需参考现有的建议标准

来制订日粮计划，以确保能有效满足獭兔不同生长阶段的营养需求。这种方法有助于促进獭兔的健康成长，提高生产效率，同时减少饲料浪费。

第二节　獭兔全价日粮的配制方法

做好獭兔的日粮配制工作对养殖户来说至关重要，不仅影响到优良品种的表现，还直接关系到养兔者的经济收益。为獭兔配制合理的日粮是养殖者首要考虑的问题。

一、全价饲料的配方设计方法

全价饲料是根据不同品种和成长阶段的动物需要，由多种原料按特定比例混合和科学加工制成的，具有一定形状且营养全面的配合饲料。全价饲料的质量关键取决于其配方的科学性和合理性。市场上，饲料配方通常通过结合饲料配方软件和实际经验来设计。在獭兔规模化养殖中，设计饲料配方的方法有多种，常见的包括对角线法、试差法和计算机法等。

（一）对角线法

对角线法，也称作方块法、四角法或图解法，适用于饲料种类和营养指标较少的情况，操作简便。但当饲料种类和营养指标增多时，这种方法需要反复进行两两组合计算，较为烦琐，且难以同时满足多项营养指标。例如，玉米粗蛋白为 8%，浓缩饲料粗蛋白 33%，配粗蛋白含量为 16.5% 时两者的比例。可按以下步骤进行计算：首先绘制十字交叉图，将日粮蛋白含量 16.5% 放在交叉点，玉米和浓缩料的蛋白含量分别放在左上角和左下角。

玉米 8

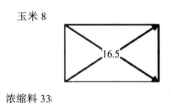

16.5

浓缩料 33

图 8-1　十字交叉图 1

然后以这两点为起点，作对角线交叉，计算大数减小数的差值，记录于右上和右下角。

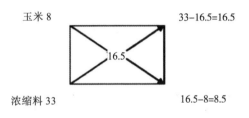

图 8-2　十字交叉图 2

最后，将得到的两个差值相加，分别除以总和，得到玉米和浓缩料在混合饲料中的百分比，分别为 16.5% 和 8.5%。

（二）试差法

试差法，也称为凑数法，是一种被国内广泛采用的饲料配制方法。它的基本步骤是：首先根据经验初步设定各种原料的比例。其次，将这些比例乘以各原料中各种营养成分的百分含量，计算出每种原料提供的营养总量。最后，将相同营养成分的总量相加，从而得出整个配方的营养总量。将计算结果与饲养标准进行比较，如果发现任何一种营养成分超标或不足，就通过调整原料比例来修正，重新计算，直至所有营养成分都满足标准。这种方法虽然简单易学，适用于各种饲料配制，但计算量大，过程烦琐，具有一定的盲目性，难以找到最优配方，且成本较高。

（三）计算机法

计算机法是一种高效的饲料配方设计方法，基于现行的规划原则。它的核心是在多种条件约束下选择成本最低的饲料配方。此法主要依赖原料的种类和营养成分数据，考虑到饲养标准中规定的营养需求、饲料原料的可用性、市场价格波动等因素。相关数据被输入计算机中，并设定了诸如饲料配比、营养标准、价格等约束条件。基于线性规划的原则，计算机能快速准确地得出既满足要求又成本最低的配方。

计算机配方的优点包括速度快和计算精确，但它很难考虑到饲料的适口性、容积、有害物质和抗营养因子含量等因素。需要专业技术人员的操作和调整来确保配方的适用性。这种方法需要较昂贵的计算机设备和专用软件，更适合大型饲料厂和养殖场使用。

二、獭兔全价饲料的配制

根据事先制定的饲养标准和饲料营养价值表，应用试差法为獭兔配制全价饲料。

（一）依据饲养对象选择饲养标准，确定营养需要量

獭兔每千克饲料中应含有 10.46MJ 的消化能，16% 的粗蛋白，14% 的粗纤维，0.5% 的钙，0.3% 的磷，0.6% 的赖氨酸，0.5% 的蛋氨酸加胱氨酸。

（二）选择饲料原料并依据营养价值表或实测获得饲料养分含量

选择的原料有苜蓿草粉、糠麸、玉米、大麦、豆饼、鱼粉、食盐、蛋氨酸、赖氨酸。各种原料营养成分如表 8-1 所示。

表8-1　各种原料营养成分

饲料	成分						
	蛋白/%	消化能/(MJ·kg⁻¹)	粗纤维/%	钙/%	磷/%	赖氨酸/%	蛋氨酸+胱氨酸/%
苜蓿	11.49	5.81	30.49	1.65	0.17	0.06	6.41
糠麸	15.62	12.15	9.24	0.14	0.96	0.56	0.28
玉米	8.95	16.05	3.21	0.03	0.39	0.22	0.20
大麦	10.19	14.05	4.31	0.10	0.46	0.33	0.25
豆饼	42.30	13.52	3.64	0.28	0.57	2.07	1.09
鱼粉	58.54	15.75	0.0	3.91	2.90	4.01	1.66

（三）日粮初配

基于已有的经验或现有配方，首先估算各种原料的大概比例，并计算出能量和粗蛋白的水平。其次，将这些计算结果与既定的营养标准进行对比。在制定初步配方时，应确保配方的总量略低于100%，通常在98%到99%之间，这样做是为了留出一定空间以添加食盐和其他添加剂。日粮初配营养水平如表8-2所示，其中详细列出了饲料原料的初配情况。

表8-2　日粮初配营养水平

原料	配比/%	消化能/(MJ·Kg)	粗蛋白/%
苜蓿草粉	40	2.32	4.60
麸皮	10	1.33	1.72
玉米	25	4.01	2.24
大麦	14	1.96	1.43
豆饼	8	1.08	3.38
鱼粉	1.5	0.24	0.88
合计	98.5	10.94	12.25
与标准比较	−1.5	0.49	−1.75

（四）配方调整

在将初配日粮的营养水平与标准进行比较时，发现该日粮的能量略高于标准，但粗蛋白含量低于标准 1.75%。为了平衡这一差异，可以考虑使用蛋白含量更高的豆饼替换部分玉米。具体来说，豆饼的蛋白含量是 42.30%，而玉米的蛋白含量仅为 8.95%。这意味着每替换 1% 的玉米，蛋白的含量会净增加 0.33%。因此，通过减少 5% 的玉米量并增加相同比例的豆饼，可以实现营养平衡。调整后的日粮配方和营养水平如表 8-3 所示中。

表8-3　调整后的日粮配方和营养水平

原料	配比/%	消化能/（MJ/kg）	粗蛋白/%	粗纤维/%	钙/%	磷/%	赖氨酸/%	蛋氨酸+胱氨酸/%
苜蓿草粉	40	2.32	4.60	12.20	0.66	0.07	0.024	0.164
麸皮	10	1.33	1.72	1.02	0.02	0.11	0.062	0.031
玉米	25	4.01	2.24	0.64	0.01	0.08	0.044	0.04
大麦	14	1.96	1.43	0.56	0.01	0.06	0.046	0.035
豆饼	8	1.08	3.38	0.47	0.04	0.07	0.269	0.142
鱼粉	1.5	0.24	0.88	0	0.06	0.04	0.06	0.025
合计	98.5	10.82	15.92	14.80	0.80	0.43	0.50	0.43
与标准比较	−1.5	+0.37	−0.08	+0.80	+0.30	+0.13	−0.10	−0.07

从结果看，消化能和粗蛋白含量与标准比较，分别相差 0.37% 和 0.08%，基本符合要求；粗纤维含量和标准相差 0.80%，也在差异允许范围之内。

（五）调整钙、磷、食盐、氨基酸含量

为确保日粮中营养的全面性，需要添加微量元素和维生素。如果检测到日粮中的钙和磷含量不足，可以通过添加一些常见的矿物质来弥补这一不足，如石粉、骨粉或磷酸氢钙等。对于摄入食盐不足时，可直接使用食盐进行补充。如果日粮中赖氨酸和蛋氨酸的含量不够，可以使用人工合成的 L- 赖氨酸和 DL- 蛋氨酸进行补充，以确保饲料的营养均衡。

第三节　獭兔全价饲料的经验配方

一、幼兔的饲料经验配方

在选择獭兔幼兔饲料的原料时，需要特别关注其易消化性和适口性。由于幼兔的消化系统还在发育中，其消化能力相对较弱，应避免使用富含木质素的秸秆类饲料。粗饲料的主要成分应该是高质量的牧草，如苜蓿草粉等。对于蛋白质来源，应选择豆粕、花生粕等易消化且适口性好的饲料。另外，还需重视微量元素和维生素的补充，以支持仔兔的快速成长。动物性蛋白质来源如鱼粉，以及富含 B 族维生素的饲料酵母也可添加，可以有效补充维生素的不足。獭兔幼兔全价饲料的经验配方如表8-4 所示。

表8-4　獭兔幼兔全价饲料的经验配方

饲料原料	1～2月龄		2～3月龄	
	配方 1/%	配方 2/%	配方 1/%	配方 2/%
优质干草粉	29	25	39	35
玉米或大麦	19	23	24	30
小麦或荞表	19	16	10	8
豆粕	13	12	10	8
大豆秧粉	1	2	0.5	3
麦麸	15	15	12	10

饲料原料	1～2月龄		2～3月龄	
	配方1/%	配方2/%	配方1/%	配方2/%
鱼粉	2	2	2.5	2
骨粉	0.5	0.5	0.5	0.5
酵母粉	—	3	0.5	2
食盐	0.5	0.5	1	0.5
预混料	1	1		
合计	100	100	100	100

二、育肥兔的饲料经验配方

对于生长育肥阶段的獭兔，饲料原料的选择可以包括草粉、秸秆、大麦、玉米、豆粕和鱼粉等。配制好的全价饲料应保证每千克含有10.46到10.88MJ的消化能、14%至15%的粗蛋白、15%至16%的粗纤维，以及0.5%至0.6%的钙和0.3%至0.4%的磷。为了降低成本，一些养殖户可能会添加一定量的杂粮，如花生粕、棉籽粕、菜籽粕或芝麻粕等，但这些添加物总量不应超过日粮的10%。粗饲料的用量可以适当增加，因为成年獭兔的盲肠较为发达，能够合成较多的B族维生素，从而减少饲料中B族维生素的添加需求。在这个生长阶段，除了常规饲喂，还可以添加补充性饲料，如青绿多汁的饲料和一些子叶类农作物饲料。育肥獭兔的全价饲料经验配方如表8-5所示。

表8-5　育肥獭兔的全价饲料经验配方

饲料原料	配方1/%	配方2/%	配方3/%	配方4/%	配方5/%	配方6/%
苜蓿粉			30			
干草粉	29	15	14	—		
玉米秸秆粉	10	15	—		8	20

饲料原料	配方1/%	配方2/%	配方3/%	配方4/%	配方5/%	配方6/%
大豆秧粉		6.3	5	10		15
稻谷	—	—		25		
玉米	16	18	5	25	15	20
大麦	16	16	30	18	15	13
小麦	14	12	15	7	15	10
豆粕	9	5	1	13	8	5
棉籽粕	2	3		0.5	5	5
菜籽粕	1.5	7		0.5	20	8
花生粕	0.5	1.2		1	12	2
松针粉	1	0.5			0.5	1
麸皮		1			0.5	1
清糠					1	
鱼粉						
饲用酵母						
骨粉						
食盐						
预混料						
合计	100	100	100	100	100	100

该组配方含粗蛋白质 15% ～ 16%，粗脂肪 3% ～ 3.5%，粗纤维 14%
～ 16%。本系列配方用于 60 至 120 日龄的生长兔，日增重可达 25 ～ 28g。

三、妊娠母兔的饲料经验配方

在配制妊娠母兔的日粮时，不仅要满足母兔自身的营养需求，还需考虑到胎儿的生长发育所需。日粮的配制除了需要特别注重营养的充足性和平衡性，还要重视维生素和微量元素的补充。妊娠期的獭兔营养摄入不宜过高，以防止难产或肥胖，这可能会影响到哺乳期。在这一时期，应保持中等水平的营养，同时确保粗纤维含量适中，以预防母兔便秘的问题。妊娠母兔的饲料经验配方如表 8-6 所示。

表8-6　妊娠母兔的饲料经验配方

饲料原料	配方 1/%	配方 2/%	配方 3/%	配方 4/%	配方 5/%
青干草粉		–			30
苜蓿粉	–	10	–		
玉米秸秆粉			10		12
大豆秧粉	8	10		10	
清糠	12		–	18	
稻草粉		15			
松针粉	10	10	8	18	28
玉米	20	15	10	10	7
大麦	15	10	20	10	4
稻谷	10	8	15	8	1.5
豆粕	18	15	15	20	5
菜籽粕	5	5	15	2	6
棉籽粕	1.5	1.5	5	2	2
花生粕	0.5	0.5	1.5	2	1
麸皮			0.5		2
鱼粉					1.5
合计	100	100	100	100	100

以上配方每 50kg 饲料需另添加蛋氨酸 100 g、赖氨酸 50 g。该组配方含粗蛋白质 15.5% ～ 16.5%，粗脂肪 3% ～ 3.5%，粗纤维 14% ～ 15%。妊娠母兔日采食量 125 ～ 200g。

四、哺乳母兔的饲料经验配方

哺乳期的母兔对营养的需求非常高。除了满足自身的营养需求，哺乳母兔还需要足够的营养来保持其泌乳功能。在配制饲料时，应特别注意能量的供应、蛋白质饲料中氨基酸的平衡和易消化性。为了确保乳汁的产量和质量，可以在饲料中适量添加脂肪类食物。哺乳母兔的饲料经验配方如表 8-7 所示。

表8-7 哺乳母兔的饲料经验配方

饲料原料	配方1/%	配方2/%	配方3/%	配方4/%	配方5/%
青干草粉	15	–	–	–	30
苜蓿粉	30	10	–		
玉米秸秆粉		10	10		
大豆秧粉	–		20	26	
稻草粉	–			20.5	
清糠				–	15
松针粉	10	5.5	14	8	5
玉米	8	15	10	14	12
大麦	19	20	15	12	12
稻谷	15	10	8	8	17
豆粕	2.7	8	22	10	7

饲料原料	配方 1/%	配方 2/%	配方 3/%	配方 4/%	配方 5/%
菜籽粕	0.3	20	0.7	1.2	0.5
麸皮		1.2	0.3	0.3	1.2
次粉		0.3			0.3
合计	100	100	100	100	100

以上配方每 50kg 饲料需另添加蛋氨酸 100 g、赖氨酸 50 g。该组配方含粗蛋白质 18% ～ 18.5%、粗脂肪 3% ～ 3.5%、粗纤维 13% ～ 14%。全期日均采食量为 300 g。

五、种公兔的饲料经验配方

种公兔的饲料经验配方如表 8-8 所示。

表8-8　种公兔的饲料经验配方

饲料原料	配方 1/%	配方 2/%	配方 3/%	配方 4/%	配方 5/%
青干草粉	19	20	12	10	15
苜蓿粉	26	28	22	13	12
秸秆粉或清糠	10	8	14	4	15
大豆秧粉	12	14	12	10	4
麦芽根	30	10	12	10	20
松针粉	3	8	8	12	12
玉米		10	18	13	20
大麦		2	2	18	2
小麦				8	
稻谷				2	
合计	100	100	100	100	100

这组配方含粗蛋白质16%～17%、粗脂肪3%、粗纤维13%～14%。每只日喂量125g。

六、商品獭兔的饲料经验配方

商品獭兔的饲料经验配方如表8-9所示。

表8-9　商品獭兔的饲料经验配方

饲料原料	配方1/%	配方2/%	配方3/%	配方4/%	配方5/%
玉米	8	15	16	15	10
大麦	10	15	8	15	15
小麦	15	10	7	10	5
豆粕	20	8	12	8	8
菜籽粕	20	10	11	15	12
大豆秧粉	25	15	12	5	10
苜蓿粉	2	5	20	20	20.5
青干草		20	2	10	15
秸秆粉或清糠		2	10	2	3
松针粉			2		1.5
合计	100	100	100	100	100

每50kg饲料加蛋氨酸100g。这组配方含粗蛋白质15%～16%、粗脂肪3%、粗纤维14%～15%，适用于120～165日龄、毛皮成熟期的商品獭兔，每只日均采食量125g。

七、以花生秧或红薯秧粉为粗饲料的獭兔日粮配方

以花生秧或红薯秧粉为粗饲料的獭兔日粮配方如表8-10所示。

表8-10　以花生秧或红薯秧粉为粗饲料的獭兔日粮配方

饲料原料	獭兔生长期配方 /%	獭兔母兔泌乳期配方 /%	獭兔种公兔配方 /%	獭兔商品兔配方 /%
花生秧或红薯秧粉	15	15	15	15
玉米	22.6	24	23	23
麸皮	10	9.6	11	10
大麦皮	26	23	29	25
豆粕	12	14	10	13
花生粕	8	8	8	8
棉籽粕	3	3	3	3
多种维生素	0.7	0.7	0.7	0.7
蛋氨酸	0.1	0.1	0.3	0.1
赖氨酸	0.1	0.1		0.1
磷酸氢钙	1	1		1
球虫净	1	1		0.7
食盐	0.5	0.5		0.4
合计	100	100	100	100

由以上獭兔饲料的经验配方可以看出：獭兔饲料组合的随意性很强，但只要营养成分均衡，獭兔喜欢吃，就是好的配方。目前，大多数商品经营者都把全价饲料制成颗粒，便于獭兔食用和保存。

第九章 獭兔的饲养管理

第一节 獭兔饲养管理的基本原则

一、青粗饲料为主，精饲料为辅

在獭兔的饲养过程中，由于其作为单胃草食动物的消化生理特性，应以青粗饲料为主，精饲料为辅。青粗饲料包括各类植物的茎叶、块根、果实和叶菜类，不仅为獭兔提供必需的粗纤维，有助于其消化系统的正常运转，还能满足其基本的营养需求。然而，为了确保獭兔的健康成长和最佳生产性能，单纯依赖青粗饲料是不够的，需要适量补充精饲料、维生素和矿物质饲料。

在实际饲养中，应避免两种极端观点：一是认为只需喂草就能养好獭兔，这可能导致其生长缓慢和生产性能下降；二是过度依赖精料，甚至不喂食草料，这可能引起消化道疾病甚至死亡。合理的做法是在确保营养需求的前提下，尽可能多地饲喂青粗饲料，保持日粮的平衡。

二、合理搭配，饲料多样化

在獭兔的饲养中，合理的饲料搭配和多样化是至关重要的。由于不同饲料中所含营养成分的差异，依赖单一饲料类型无法满足獭兔的全面营养需求，可能导致营养缺乏和生长发育不良。例如，禾本科植物的通常赖氨酸和色氨酸含量较低，而豆科植物则在这两种氨基酸上含量较高。通过将这两类饲料合理组合，可以互补营养成分，确保獭兔的饮食均衡。此外，青粗饲料的多样化也是必要的，与单一种类相比，多种青粗饲料的组合将为獭兔提供更全面的营养。

三、饲喂定时、定量、定质，更换饲料逐渐进行

在獭兔的饲养过程中，实施定时、定量、定质的饲喂管理是至关重要的。这种管理方法可以大致分为两种：自由采食和限量饲喂。自由采食方式通常在集约化獭兔场中使用全价颗粒饲料，允许獭兔随意采食。而在我国广大农村地区，采用的是定时定量饲喂的自由采食方式，这不仅有助于减少饲料浪费，还有利于饲料的有效消化和吸收。

在具体实施定时定量饲喂时，需要根据獭兔的品种、性别、年龄以及生产性能等因素来决定饲喂的次数和量。例如，幼兔需要更频繁的饲喂，而成年兔相对较少。制定饲料喂量时，应科学考虑獭兔的营养需求，确保其得到充足且合理的营养供给。这种方法不仅有利于獭兔的健康生长，还能提高养殖效率。在更换饲料时，应逐渐进行，避免因骤变而导致的消化不良或应激反应。这种逐步过渡的方法有助于獭兔适应新饲料，保持其良好的健康状态和生产性能。獭兔的定量标准如表9-1和表9-2所示。

表9-1　兔干草日喂量与体重比例

体重/g	日喂量/g	占体重比例（%）	体重/g	日喂量/g	占体重比例（%）
500	155	31	2500	325	13
1000	220	22	30000	360	12
1500	255	17	3500	385	11
2000	300	15	40000	400	10

表9-2　生长兔颗粒饲料日喂量

兔龄/周	体重/g	日增重/g	日喂量/g
4	600	20	45
5	800	30	70
6	1100	40	100
7	1420	45	135
8	1782	50	135
9	2025	40	140
10	2300	35	140
11	2500	30	140
平均		36	112

四、注意饮水卫生，添足夜草

在饲养标准中，水常被忽略，但它对动物至关重要。水不仅是兔子体内（含水量约70%）必不可少的成分，还对饲料的消化、养分的运输、废物排出、体温调节和维持体内渗透压等方面发挥关键作用。长期缺水会导致消化障碍、便秘、器官肿大、生长迟缓，甚至体重下降，严重时可致死。在兔子的日常饲养管理中，供水是不可忽视的一环。兔子的日常需水量大约是每天每千克体重100mL，是干饲料量的两倍。饮水量受季节、饲料类型、年龄和生理状态等因素影响。例如，在炎热的夏季兔子需要更多水分，而食用多汁的青绿饲料可以减少饮水需求。幼兔和分娩后的母兔对水的需求更大。

同时，要保证饮水的清洁卫生，尤其在夏季，饮水器需要定期清洁和消毒。獭兔和其他兔子一样，是夜行性动物，白天较少活动，夜间则更加活跃。因此，夜间的饮水和饲料摄取量通常大于白天。根据獭兔的这一特性，饲养员应适当调整作息时间，在夜间为獭兔提供充足的夜草，特别是在夏季和冬季，这一点尤其重要。

五、搞好饲料调制，保证饲料品质

兔提供的饲料必须保持清洁和新鲜。为了增加饲料的可口性和提高其消化吸收率，不同类型的饲料在喂食前都应进行适当处理。

青草和蔬菜类饲料在喂食前应去除有毒或带刺植物。如果这些饲料受到污染或夹有泥沙，应先清洗并晾干。水生饲料尤其需要注意去除任何霉变、变质或污染部分，并建议晾干后再喂食。对于水分含量高的青绿饲料，最好与干草一起喂食，以平衡水分和纤维摄入。

粗饲料，如干草、秸秆和树叶，在喂食前应去除尘土和霉变部分，并可以粉碎制成干草粉与精料混合，或者制成颗粒状饲料喂食。块根类饲料应进行挑选、清洗和切碎处理，最好刨成细丝与精料混合投喂。冰冻饲料必须先解冻或煮熟后再喂食。

谷物类饲料（如玉米、大麦、小麦）和油饼类饲料应磨碎或压扁后投喂，最佳方式是与干草粉拌湿或制成颗粒状喂食。通过这些方法，可以确保獭兔获得高品质和营养均衡的饲料。

六、注意清洁卫生，保持兔舍干燥

獭兔偏好清洁和干燥的环境，由于其较弱的体质和抗病力，肮脏潮湿的环境容易引发疾病，尤其是消化道和寄生虫病。因此，每日清扫兔舍和兔笼，并定期对兔舍、兔笼、食槽、水槽及产仔箱等进行消毒，是提高獭兔抗病力和预防疾病的关键措施，也是饲养管理的重要日常程序。

根据季节的不同，兔舍和相关设施的消毒频率会有所变化。例如，在冬季，兔舍地面和兔笼应至少每月消毒一次，而食槽和水槽应每半月消毒一次；夏季由于环境较为潮湿，病原微生物繁殖迅速，应缩短消毒间隔，兔舍地面和兔笼建议每半月消毒一次，食槽和水槽则每周消毒一次。

消毒方法根据对象不同而有所区别。兔场入口处应设置消毒池，里面放有草垫，倒入5%的氢氧化钠溶液或20%的石灰乳、0.1%的过氧乙酸溶液，对行人和车辆进行消毒。兔舍入口可设小型消毒池或消毒室，使用紫外线消毒，持续5至10分钟。兔舍地面、兔笼、墙壁清扫后，可用3%的热氢氧化钠溶液或0.3%的新苯扎氯铵溶液、1:300农福液进行喷洒消毒。对兔笼进行火焰消毒效果更佳，但使用强腐蚀性药液后需用清水冲洗。梅雨季节，兔舍内地面可撒一层生石灰粉，起到消毒和吸潮的作用。

食槽、水槽等用具需先清洗，再用0.05%的新苯扎氯铵溶液浸泡30至60分钟，最后用清水冲洗。产仔箱可用0.1%至0.5%的过氧乙酸溶液喷洒消毒。室内外也可使用紫外线消毒，每次持续30至60分钟。严重污染的兔舍可用增加剂量的甲醛和高锰酸钾熏蒸消毒。

饲养人员自身卫生同样重要，工作服应及时清洗消毒。接触病兔后，务必对手、鞋、衣物进行严格消毒，以防疾病传播。

七、保持兔舍安静，减少外界干扰

獭兔的听觉灵敏，胆小怕惊，经常竖起耳朵来听四面传来的声响，一旦有突然的声响或有陌生人和动物等出现，就立即惊恐不安，在笼内乱窜乱跳，并常以后脚猛力拍击兔笼的底板，发出响亮的声音，从而引起更多兔的惊恐不安。在日常饲养管理过程中及操作时动作要轻缓，尽量保持兔舍内外的安静，避免因环境改变而造成对兔有害的应激反应。同时，要注意预防狗、猫、鼠、蛇等敌害的侵袭及防止陌生人突然闯入兔舍。

八、夏季防暑，冬季防寒，雨季防潮

獭兔对温度非常敏感，尤其在夏季。当兔舍温度超过25℃时，獭兔的食欲就会下降，繁殖能力也会受影响。在夏季需要采取有效的降温措施。打开门窗以促进通风和降温，可以在兔舍周围种植树木或一年生藤

本植物如丝瓜、南瓜等以提供遮阴。如果气温过高，超过30℃，在兔笼周围洒水可有效降低温度。提供清洁的饮水，并适量加入盐分，有助于补充獭兔因出汗而流失的盐分，同时促进散热。若条件允许，可在兔舍内安装空调或风扇等降温设备，以保持稳定的环境温度。

冬季的寒冷天气同样会影响獭兔，特别是当室内温度降至15℃以下时，会干扰其繁殖。在寒冷天气里，应关闭门窗以避免冷风侵入，铺设干草以增强保暖，尤其是朝北的窗户，应挂上窗帘或封闭窗户以隔离寒风。在中国北方等气温极低的地区，冬季应在兔舍内安装取暖设备以维持獭兔生长发育所需的温度。

在南方地区的雨季时，保持兔舍的干燥至关重要，因为潮湿环境容易引发各种疾病，是獭兔发病率和死亡率最高的季节。在这个时期，应该频繁更换垫草，并定期清扫兔舍地面。在地面上撒上一层石灰或干燥的草木灰，可以有效吸收湿气，保持环境的干燥。

九、分群管理

为了更好地满足獭兔的成长和繁殖需求，应实行分群饲养。三个月龄以上的青年兔应根据性别分开饲养，而成年獭兔则应根据性别、年龄和毛色等特征进行分群管理。目前，一些地区仍采用不同性别和年龄混合饲养的方法，这种方式在管理上不够便捷，经济效益也有所损失，因此需要进行优化。种公兔和繁殖母兔应单独笼养，繁殖母兔还应配备专用的产仔笼或产仔箱。通过这种分群饲养的方法，可以更有效地管理獭兔，也有助于提高繁殖效率。

十、加强运动

适当的户外锻炼对于獭兔的健康至关重要，它能促进新陈代谢，提高食欲，并增强其抵抗疾病的能力。栅栏饲养的獭兔通常能够获得充足的运动，但笼养獭兔由于活动空间有限，往往缺乏足够的锻炼。为了增强獭兔的体质，应该安排适量的运动。可以在兔舍附近设置几个面积为2至3平方米的砂质或水泥场地，四周用1米高的围栏围起来，每周安排獭兔在此自由活动1至2次，每次1至2小时。运动结束后，要确保每只兔子回到原先的笼子，避免出现差错。成年种公兔应单独进行运动，以防止它们相互攻击，特别是避免对睾丸的伤害，这可能导致它们失去繁殖能力。通过这种方式，可以有效地增加獭兔的身体活动，提升它们的整体健康状况。

十一、密切观察，加强疾病防治

獭兔抗病力差，一旦患病，如不能及时发现和治疗，则往往造成大批死亡。饲养人员每天早晚应仔细观察獭兔的精神状况，食欲状况，活动状况，呼吸情况及粪便的形态和多少，鼻孔周围有无分泌物，被毛是否有光泽等，以便及时发现病兔，及时治疗。同时要严格遵守兽医防疫制度，杜绝传染病的发生。

十二、做好生产记录工作

每日维护详细的生产记录至关重要。这些记录应包括管理程序、饲料种类、产品数量、兔群的更替情况、气候条件等信息。对这些数据的记录需认真且详尽，确保及时汇总和妥善保存。这样做是为生产管理提供科学的依据和参考，从而更有效地指导日常的饲养工作。

第二节　獭兔一般管理技术

一、捉兔

在日常管理中，捉兔是一项常见的任务，涉及发情鉴定、妊娠检查、疾病诊断和药物注射等多种情况。正确的捉兔方法非常重要，否则可能会导致不良后果。进行捉兔操作之前，应先将笼内的食槽和水盆移开。使用右手从兔子的前部进行阻挡，使其停止移动。其次，轻轻地将兔子的耳朵压在肩峰处，并抓住其颈部的皮肤将其提起。最后，用左手托住兔子的臀部，将兔子的重心转移到左手上。在移动兔子时，为防止兔子脚爪蹬地或挣扎导致骨折，应该让兔子以背部朝外的姿势倒退离开兔笼。为了避免被兔子的爪子抓伤，应保持兔子的四肢朝外，背部朝向操作者的胸部（如图9-1所示）。对于那些有咬人恶习的兔子，可以先通过食物等方式转移其注意力，再迅速抓住其颈肩部的皮肤。

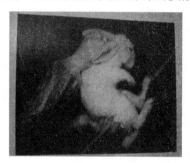

图9-1 捉兔

二、公母鉴别

对于仔兔的性别鉴别，通常可通过观察其阴部生殖孔的形状和与肛门的间距来进行。如果生殖孔较大、扁平且与肛门距离较近，则判定为母兔；若生殖孔较小、圆形且与肛门距离较远，则判定为公兔。

对于已经睁开眼的仔兔，可以检查其生殖器官。使用左手抓住仔兔的耳颈部，右手的食指和中指夹住仔兔的尾巴，再用大拇指轻轻向上推开生殖器官。公兔的局部形状呈"O"形，可以翻出圆筒状突起；而母兔的形状则呈"V"形，下端裂缝延伸至肛门，没有明显的突起。这种方法简单准确，容易掌握。

对于 3 月龄以上的青年兔，性别鉴别更为简单。一般轻压阴部皮肤张开生殖孔，如果中间有圆柱状突起，则为公兔；如果有尖叶形裂缝朝向尾部，则为母兔。

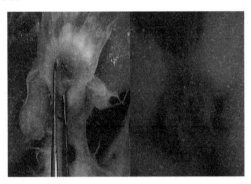

图 9-2　雄性鉴别

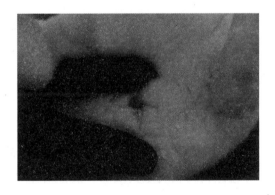

图 9-3　雌性鉴别

三、年龄鉴别

獭兔的年龄鉴别最准确的方法是参考其记录档案。如果没有记录可查，那么只能根据獭兔的体表特征和外形来大致估计年龄，大体上可分为老年、壮年和青年三个阶段。通常，6 个月至 1.5 岁的兔子被视为青年兔，1.5 至 2.5 岁的兔子为壮年兔，而 2.5 岁以上的兔子则属于老年兔。

年龄的判断主要依据趾爪、牙齿和被毛等特征。

青年兔：青年兔的趾爪短细、平直且有光泽，通常隐藏在脚毛中。对于白色獭兔而言，趾爪的基部呈粉红色，尖部为白色。红色部分在青年兔中较多。眼神明亮，行动活泼，皮肤薄而紧致，有弹性，门齿洁白、短小且整齐，齿间隙极小。

壮年兔：壮年兔的趾爪较长，白色部分稍多于红色。动作敏捷，精神状态良好。牙齿为白色，稍长且粗糙，但相对整齐。皮肤结实紧密。

老年兔：老年兔的趾爪粗糙、长且不整齐，爪尖可能弯曲或折断，约一半的趾爪露出脚毛外。白色部分在趾爪中占多数。眼神显得无神，行动迟缓，门齿浅黄、厚而长，粗糙且不整齐，常有破损，齿间隙较大。

四、编号

为了方便日常管理、记录生产性能、进行选种和选配以及科学实验，对种兔和实验兔进行编号是必要的。这通常在仔兔断乳前进行，并同时记录在册。常见的做法是在兔子的一个耳朵上打上耳号，通常是公兔在左耳，母兔在右耳。有些地方的做法是公兔使用奇数编号，而母兔使用偶数编号。以下是具体的编号方法。

针刺法：在兔耳的内侧中部无血管处，使用磨平的蘸水钢笔，沾上食醋和墨汁混合物进行刺破表皮至真皮层。要注意不能穿透耳壳皮肤，保持力度均匀和深浅一致，刺点距离也应匀称。几天后，刺破处会形成永久的蓝色编号。此方法简便易行，适合广泛采用。

耳标戳：使用大头针排成号码并制成戳印。编号时，先在兔耳内侧中部进行消毒，然后涂上醋墨，用戳印轻轻按压即可。

耳号钳：使用特制的耳号钳，在已经消毒和涂墨的耳朵内侧轻轻钳压，形成编号。

耳标法：在铝制耳标上预先打上编号，然后将其卡在耳朵上。使用此法时通常需要两人操作：一人固定兔子，另一人在耳朵根部上方内侧无毛处先进行消毒，然后用小尖刀扎一个小口，将耳标穿进小口并固定。由于这种方法可能会给兔子带来疼痛，因此使用较少。

五、去势

对于非种用的小公兔，进行去势是一种常见的做法。去势后，公兔的性情会变得更为温顺，便于集体饲养，同时有助于加快生长速度、提高毛发产量，并防止不良品种的传播。去势的方法包括以下三种。

阉割法：首先，将公兔置于腹部朝上的位置，并用绳子将其四肢分开绑在桌角上。使用左手将睾丸从腹腔推入阴囊并捏紧固定，再在切口处用酒精消毒。使用已消毒的刀子在阴囊上切一个小口，挤出睾丸。对于成年大公兔，考虑到血管较粗，可采用捻转止血法或进行结扎来防止过多出血，再切断精索。用同样的方法摘除另一侧睾丸后，在切口处用碘酒消毒。这种方法使伤口愈合较快，减少兔子的痛苦。

结扎法：同样将睾丸挤到阴囊中，在睾丸下方的精索处使用尼龙线扎紧，或用橡皮筋套紧。这种方法可以阻断血液流通，从而达到去势的目的。结扎后，睾丸会迅速肿大，大约半个月后逐渐萎缩脱落。

药物去势法：向睾丸注射 3% 的碘酒，每只睾丸注射 0.5 至 1.0mL。注射后，睾丸会肿胀，大约半个月后逐渐萎缩消失。这种方法适用于睾丸已下降到阴囊中的较大公兔。

六、剪爪

兔子的爪是皮肤硬化的角质衍生物，具有保护脚趾、挖洞和搏斗的作用。在野生环境或散养条件下，兔子的爪会因不断与地面接触而保持适当的长度。然而，在笼养条件下，由于缺乏自然磨损，兔爪可能会过度生长，甚至出现畸形、勾曲等现象，导致兔子不得不用跗关节着地。这样长期下去，可能会引起跗关节肿胀、发炎，甚至出现脚皮炎，进而影响兔子的活动，尤其是种兔的配种能力。对成年兔定期剪爪是必要的。

剪爪可以使用普通的果树剪刀。操作时，操作者用左手提起兔子的肩胛部皮肤，让兔子的臀部轻轻着地，用右手持剪刀在兔爪的红线（即爪心血管）外端约 0.5 至 1cm 处剪断。成年兔子大约每 2 至 3 个月需要修剪一次爪子。对于缺乏经验的操作者，建议两人一起进行剪爪操作。

第三节　不同生理阶段的饲养管理

獭兔因生理发育阶段和生产任务的不同，对外界环境和饲养管理条件的要求也各有差异。因此，在饲养管理工作中，除应遵守獭兔饲养管理一般原则外，还应针对各类兔的特点加强饲养管理。

一、种公兔的饲养管理

对种公兔饲养管理的目的是使公兔体质健壮，性欲旺盛，精液品质优良。种公兔饲养管理的好坏，直接影响母兔的受胎率、产仔数及仔兔的生活力。

（一）非配种期种公兔的饲养管理

在獭兔的繁殖周期中，虽然没有明显的季节性，但春季和秋季往往是繁殖配种的高峰期，而夏季和冬季则可能会减少或停止繁殖活动。在非配种期间，种公兔的饲养管理技术如下。

在獭兔的繁殖周期中，虽然没有明显的季节性，但春季和秋季往往是繁殖配种的高峰期，而夏季和冬季则可能会减少或停止繁殖活动。在非配种期间，种公兔的饲养管理技术包括饲养措施和管理措施。

饲养措施：非配种期的种公兔需要恢复体力，并保持适宜的体脂肪水平，避免过度肥胖或过于消瘦。这一时期的饲料应为中等营养水平，主要以青绿饲料为基础，辅以少量的混合料。

管理措施：在这一时期，种公兔最好单独笼养。如果条件允许，兔场可设立专门的种兔运动场所，以便种公兔每周进行 2 次、每次 1 至 2 小时的运动。对于规模化和工厂化的兔场，可以考虑增大种公兔笼的尺寸，以提供更多的活动空间。

（二）配种期种公兔的饲养管理

配种期种公兔除了自身的营养需要，还担负着繁重的配种任务。公兔配种能力与精液品质、质量密切相关，而精液品质又受到日粮营养水平的影响。确定种公兔营养的依据是其体况、配种任务及精液的品质。

1. 营养需求

（1）能量。在种公兔的饲养中，能量的摄入量需要得到适当控制，既不能过高也不能过低。如果摄入能量过高，会导致种公兔体重过重，从而减退性欲并降低配种能力。相反，能量摄入过低会使公兔体重过轻，影响精液的产量和质量，进而降低配种的效率。因此，建议维持种公兔日粮在中等能量水平，以确保其良好的健康状况和繁殖能力。

（2）蛋白质。蛋白质在种公兔的饲养中扮演着关键角色，因为它直接影响到精液的生成以及激素和腺体的分泌。如果蛋白质摄入不足，种公兔的性欲可能会降低，射精量、精子密度和活力也会受到不利影响，进而导致配种的受胎率下降。通过补充富含蛋白质的饲料，如花生饼、豆饼、鱼粉等，可以改善配种效果。建议在配种期的种公兔日粮中，蛋白质的含量不应低于 15%。同时，除了保证蛋白质水平，还需注意氨基酸的平衡。由于低蛋白饲料对精液品质的影响存在延续性和滞后效应，提高蛋白质水平所带来的积极影响大约需要 20 天才能显现。应在配种期到来之前及时增加日粮中的蛋白质含量。

（3）维生素。维生素 A、E 以及 B 族维生素对公兔的精液品质有显著影响。尤其是维生素 A 的缺乏，可能导致生精障碍、睾丸精细管上皮变性、畸形精子增多，降低精液品质。维生素 A 不足还会影响公兔生殖器官的发育，导致性成熟延迟和配种受胎率下降。针对这一问题应通过补充优质干草、多汁饲料（如胡萝卜、大麦芽等）来增加维生素的摄入，或通过添加剂的方式补充维生素。

（4）矿物质。钙和磷是精液生成的必需矿物质，对精子活力有重要影响。缺乏钙和磷，精子发育不全，活力减弱，甚至会导致公兔四肢无力。微量元素硒也与繁殖性能相关。因此，日粮中应含有充足的矿物质，常通过添加剂的形式补充。

在配种季节，种公兔的饲养管理应特别注意日粮的营养水平。每千克日粮的消化能水平不应低于10.46MJ，蛋白质含量应保持在17%以上。另外，还应适当添加动物性蛋白质饲料如鱼粉、肉骨粉等，并注意饲料中维生素的含量，及时补充维生素添加剂。

2. 管理技术

种公兔的管理技术关键在于维护其旺盛的精力、健壮的体质以及优良的精液品质，以确保其更长的使用年限和高效的配种能力。具体的管理技术如下。

（1）种公兔的使用与配种频率：獭兔大约在3至4个月龄性成熟，但直到6至7个月龄才达到适合配种的年龄。一般在7至8个月龄进行第一次配种，配种年限约为2年，优良种兔最长可达4年。青年公兔建议每天配种1次，连续配种2天后休息1天；初配公兔实行隔日配种，即配种1次后休息1天；成年公兔一天可配种2次，连续配种2天后休息1天。适当的配种间隔对于维持公兔的性机能和精液品质至关重要。

（2）季节性影响：公兔的配种能力与季节有显著关联。春秋两季公兔性欲强、精液品质佳、受胎率高；冬季次之，夏季最差。夏季高温会导致"夏季不育"现象，这时种公兔的睾丸体积缩小，精液品质下降。为减轻夏季高温的影响，应提高日粮中的营养水平，补充足够的维生素E、硒、维生素A、稀土等，并考虑使用市场上的"兔用抗热应激制剂"。

（3）公母兔比例及群体结构：维持适宜的公母兔比例和群体结构是管理的关键。大中型兔场中，每只公兔配10至12只母兔为宜。公兔群体中应保持合适的年龄比例，一般建议壮年公兔占60%，青年公兔30%，老年公兔10%。

（4）减少环境刺激：由于公兔对环境较为敏感，应尽量减少因环境变化对其产生的刺激。在交配时，可将母兔放入公兔笼内或者在同一运动场内进行配对。

二、种母兔的饲养管理

种母兔的饲养管理对獭兔群非常关键，因为它们不仅要维持自身的生长发育，还要负责繁育和哺乳仔兔。种母兔的健康状况直接影响到后代的生命力和生产性能。根据不同的生理阶段，种母兔的饲养管理可分为空怀期、妊娠期和哺乳期，每个阶段都有其特定的饲养需求。

（一）空怀期的饲养管理

空怀期是指仔兔断奶到下一次配种受孕的间隔期。在这一期间，母兔需要恢复哺乳期耗费的养分，调整体况。主要任务是保持适宜的体重，避免过肥或过瘦。日粮以青绿饲料为主，补充适量混合料。体质较差的母兔需要提高精料比例，而体况良好的母兔则需增加运动量和青绿、粗饲料的供给量。对于长期不发情的母兔，可采取人工催情措施。频密繁殖的母兔需要高营养水平的饲料来维持生长发育。空怀期的母兔应保持七至八成的膘情水平，可以单笼饲养或群养，并适时进行配种。

在农户饲养条件下，獭兔每年可繁殖4至5胎。母兔的空怀期长度应根据其生理状况和实际生产计划合理安排。注意观察其发情情况，以便适时进行配种。

（二）妊娠期的饲养管理

种母兔的妊娠期管理对于獭兔繁殖至关重要，因为这一阶段直接影响到后代的质量和数量。妊娠期通常持续29至32天，可分为三个阶段：

（1）妊娠前期（1～12天）：这一阶段胚胎发育较慢，所需营养相对较少。此时应按空怀期或略高的营养水平饲养，同时确保饲料质量，保持营养平衡。

（2）妊娠中期（13～18天）：在这一阶段，胎儿发育开始加速，因此需逐渐增加精料的供给。

（3）妊娠后期（19天至分娩）：胎儿快速生长，母兔的营养需求显著增加，饲养水平应为空怀期的1至1.5倍。尤其在妊娠的最后一周，应提供易消化、营养价值高的饲料，避免母兔绝食或发生酮血症。

妊娠期间，过高的能量水平可能不利于繁殖，应避免过量喂养以免母兔过肥。膘情良好的母兔应采用"先青后精"的饲喂方式，而膘情较差的母兔应采用"逐日加料法"。

妊娠期的管理重点是防止流产和确保母兔及胎儿的健康。应避免母兔受到挤压、惊吓或因不当的饲料变化而发生的厌食等情况。妊娠后期要准备产仔箱，确保母兔在安静、舒适的环境中分娩。产后母兔应得到适当的护理和观察，防止产后问题的出现。如妊娠期过长，可考虑采取催产措施。

（三）哺乳期的饲养管理

哺乳期对于种母兔和仔兔的健康发育至关重要。这一时期，通常持续28至45天，母兔的泌乳量直接影响仔兔的生长速度、发育质量和存活率。因此，此阶段的饲养管理重点是保持母兔的健康状态，提高其泌乳量，并确保仔兔的正常发育。

（1）母兔的饲养管理：分娩后的头几天，母兔乳汁较少，消化功能尚未完全恢复。饲料量应适度，以易消化的食物为主。随着哺乳期的推进，母兔的泌乳量逐渐增加，达到高峰期时，日泌乳量可达60至150g，甚至更多。因此，应增加饲料的供给量，特别是新鲜优质的青绿饲料，并注意蛋白质和能量的供应。

（2）仔兔的喂养状况观察：应定期检查仔兔的哺乳情况。若仔兔腹部胀圆、肤色红润，表明母兔泌乳良好；若仔兔腹部空瘪、肤色暗淡，则可能是母兔无乳或有乳不哺。如遇无乳情况，可采取人工催乳措施；若有乳不哺，则可以进行强制哺乳。

（3）人工催乳与收乳方法：夏季可喂食蒲公英、苦买菜等，冬春季可多喂胡萝卜等多汁饲料。还可以通过喂食含有芝麻、生花生米、干酵母等成分的饲料来催乳。若乳汁过于浓稠，阻塞乳管，可用热毛巾按摩獭兔乳腺，减少精料，多喂青绿多汁饲料。

（4）泌乳母兔的管理：应保持兔舍环境安静和卫生，避免对母兔的惊吓和打扰。日粮蛋白质水平应在 16% 至 18%，保证足够的青草和混合精料供给，补充适量骨粉和微量元素。注意预防乳腺炎的发生，定期检查母兔的健康状况。

三、仔兔的饲养管理

自出生至断奶之间的兔都称为仔兔。仔兔出生后脱离了母体的保护，环境发生了巨大变化，缺乏对外界环境的调节能力，适应性差，抗病力低，一旦管理不善易得病且治疗困难。根据仔兔不同日龄，可分为睡眠期和开眼期两个生理阶段，在饲养管理上各有特点。

（一）睡眠期仔兔的饲养管理

仔兔的早期饲养管理是一个精细而关键的过程，尤其在它们的睡眠期，即从出生到睁眼的前 12 至 14 天。这一时期的仔兔，因为出生时几乎无毛，极易受环境温度变化的影响，所以保持恒温是至关重要的。一般情况下，仔兔在出生后的四天内会开始长出茸毛，到了第十天，它们的体温调节能力才会逐渐稳定下来。在这个阶段，仔兔的视觉和听觉还未发育完全，它们大多数时间都是闭眼和封耳的状态，除了进食和睡眠，几乎没有其他活动。这也是仔兔生长迅速的时期，出生时体重大约在 40 至 65g 之间，到第七天时可增至 130 至 150g，而到了第三十天，体重可达到 500 至 750g。

由于这一时期仔兔的营养需求完全依赖母乳，因此确保仔兔能及时、充足地吃到奶变得尤为关键。另外，还需注意防止仔兔受到鼠害等外部威胁，以及在必要时采取措施保持产仔箱的温度，以促进仔兔健康成长。在这个敏感的发育阶段，细心的饲养和管理是确保仔兔健康成长的基石。

（二）开眼期仔兔的饲养管理

在仔兔的饲养管理中，开眼期是一个关键的阶段，这一时期从仔兔开眼到断奶。仔兔在开眼后变得更加活泼和好动，它们不仅在巢箱内跑动，还可能会跳出巢箱探索外界。这个阶段主要涵盖了仔兔出巢、补充食物和断奶等重要环节。

随着仔兔日渐成长，大约在 15 日龄时，它们开始尝试离开巢穴寻找食物。这时，饲养者应准备好适合它们的食物，如豆渣、切碎的嫩草，以及易于消化的精饲料，以帮助它们顺利过渡到固体食物。

管理上，仔兔开眼的时间点也非常重要，因为这与它们的发育和健康状况密切相关。健康状况良好的仔兔通常较早开眼。若仔兔在 14 天后仍未开眼，这可能表明它们营养不足或体质较弱，需要额外的护理。有时仔兔可能只能睁开一只眼，另一只眼被眼屎粘住，这时需要及时清理并给予适当的眼药水治疗，避免出现大小眼或失明。

断奶是另一个关键环节。大多数仔兔在 28 至 35 日龄时断奶，但具体时间可以根据它们的健康状况和生长环境进行调整。过早的断奶会影响仔兔的发育并可能增加死亡率，而过晚的断奶又会影响母兔的下一周期繁殖。在有条件的兔场，可以将开始采食的仔兔与母兔分开饲养，这样不仅能保证仔兔均匀采食，还能减少它们与母兔的接触，从而降低球虫病的发病风险。

（三）影响仔兔成活率的因素及提高成活率的措施

仔兔成活率与母兔妊娠后期的营养状况、分娩后泌乳情况，以及整个发育过程的饲养管理密切相关，应根据具体的环节采取相应的措施。

（1）母兔妊娠后期营养管理：仔兔的初始体重与母兔妊娠后期的营养密切相关。由于仔兔90%的初始体重是在妊娠后期增长的，确保母兔在这一阶段获得充足和均衡的营养至关重要。这包括高质量的饲料和补充品，以支持仔兔在子宫内的健康成长。

（2）产前准备工作：制备一个柔软、干燥、卫生的产仔箱，以减少仔兔因环境温度波动而遭受的压力。创建一个安静舒适的生产环境，以减少母兔在分娩过程中的不适和应激，防止母兔将仔兔产在箱外。分娩后应及时为母兔提供水分和适口性好的饲料，以防止因口渴或饥饿导致的异常行为，如食仔行为。

（3）初乳摄入的重要性：初乳是母兔产后1至3天内分泌的乳汁，营养成分高于常乳，对仔兔的免疫力和健康至关重要。要确保仔兔在出生后的前6小时内摄入初乳，以获得必要的营养和抗体。

（4）仔兔的调整与管理：对于数量过多或体质较弱的仔兔，采取弃仔、分时哺乳、寄养或人工哺乳等措施。人工哺乳应在无法找到合适的保姆兔或母兔患病、死亡的情况下实施，需要精细操作和专业知识。

（5）防寒防暑措施：在冬季，仔兔的保温尤为重要。保温措施包括在产仔箱内放置干燥的稻草和兔毛，制作合适的巢穴。夏季要注意通风降温，防止高温和湿度对仔兔的不利影响，同时防止蚊虫叮咬和疾病传播。

（6）预防疾病和降低非正常死亡率：重点是防止鼠害，特别是在仔兔出生后的第一周内，使用诱饵和捕鼠器是有效的方法。注意疾病预防，如黄尿病的防治，应对患有乳腺炎的母兔立即停止哺乳。

（7）补料的及时性和质量：仔兔在出生后大约16天开始寻找食物，此时应提供高营养、易消化的补料。补料的质量和数量应随仔兔成长逐渐增加，注意避免食料污染。

（8）适时断奶：断奶时间应根据仔兔的体况和生长条件进行调整，

以优化其成长和发育。断奶过早或过晚都会影响仔兔的健康和发育，需要精细管理。

四、幼兔的饲养管理

从断奶到 90 日龄的兔为幼兔。幼兔阶段生长发育迅速，消化机能和神经调节机能尚不健全，抗病能力差，再加上断奶和第一次换毛的应激刺激，给幼兔的饲养管理提出了更高的要求。

（一）饲养方面

在兔子断奶后的成长阶段，需格外关注其饲养管理。此时，幼兔的饲料应具备营养全面、易于消化且具有良好的适口性。理想的日粮应避免高能量、低蛋白和低脂肪的配比，因为这对幼兔的成长不利。粗纤维的含量在日粮中至关重要，不应低于 12%。同时，过多的多汁饲料或青绿饲料也不宜纳入日粮中。

由于断奶幼兔通常表现出较强的食欲，因此在饲喂制度上需要适度控制。建议采用少量多餐的方式来满足其营养需求，同时避免过量摄入。

研究指出，将药物添加剂、复合酶制剂和黄腐酸适当加入幼兔日粮中，可以有效地促进其健康成长。具体而言，日粮中加入 3% 的药物添加剂可使日增重提高 32.8%，而添加 200mg/kg 黄腐酸和 0.5% 的复合酶制剂则可使日增重提高 12% 至 17.5%。这些添加剂不仅有助于预防疾病，还能显著提高幼兔的生长速度。

（二）管理方面

在兔子的养殖管理中，断奶阶段是一个关键时期，它标志着幼兔生理上的重要转变。这个阶段的管理如果处理不当，很容易导致疾病甚至死亡。大多数幼兔的死亡发生在断奶后的前三周内，尤其是第一至第二周，主要原因是断奶方法不当。

正确的断奶方法应考虑到仔兔的体质和健康状况。如果一窝仔兔发育均匀、体质健康，可以选择同时断奶，即在同一天将母兔与仔兔分开。如果仔兔的发育不均匀，应采用分期断奶法，先断掉体质较好的仔兔，让体质较弱的仔兔多哺乳几天。无论采用哪种方法，都应遵循"断奶不离窝"的原则，即仔兔继续生活在原来的笼内，保持饲料、环境和管理的一致性，以减少应激反应。

断奶后的 2 至 3 天内，母兔应多喂干草，减少精料的喂养，必要时可喂炒黄大麦芽以促进收乳，并防止乳腺炎的发生。鉴于幼兔在断奶后生活环境的巨大变化，加上它们生长迅速且抵抗力较弱，所处环境应保持干燥、卫生和安静，并尽可能与断奶前相同。

群养是断奶幼兔的常用方法。笼养时，每笼应放置 4 至 5 只幼兔；栅养时，每平方米放置 10 至 12 只。冬季，兔舍温度应保持在 5℃以上；夏季则需采取防暑降温措施。由于幼兔期是骨骼、肌肉和被毛生长的关键时期，因此应注意适当的运动和日光浴。

幼兔阶段是多种传染病易发的时期。除了接种兔瘟、巴氏杆菌病和魏氏梭菌病（产气荚膜梭菌病）疫苗，还应注意布鲁氏菌病和大肠杆菌病的预防，尤其在春末和夏初还需防范球虫病，以及做好传染性鼻炎的防治工作。

五、商品獭兔的饲养管理

獭兔的主要产品是兔皮，最佳取皮期是 5 ～ 6 月龄的青年兔。其余各种淘汰獭兔，为提高商品兔皮质量，也需在宰杀前搞好饲养管理。

（一）饲养方面

在饲养专门用于取皮的商品獭兔时，应特别关注其饲养管理，因为这些大多是青年兔，它们的生长发育速度快，体内代谢活跃。这就要求在饲料中充分提供必要的蛋白质、矿物质和维生素。

对于一般的农村家庭养兔情况，应以青绿料和粗饲料为主，同时适当补充一些精饲料。如果选择使用全价颗粒饲料,其蛋白质含量应在16%到18%之间,脂肪含量控制在2%到3%,粗纤维含量在12%到13%之间。除此之外,还要确保獭兔有充足的饮水供应,以满足它们的生理需求。

(二)管理方面

在商品獭兔的饲养管理方面,以提升经济效益为目标,不同生长阶段的管理策略需有所区别。在獭兔达到3个月龄之前,建议根据它们的性别、年龄以及体质强弱进行分笼或分群饲养。当獭兔年龄超过3个月时,最好采用单独笼养的方式。

环境对商品獭兔的饲养至关重要。应避免在尘土多、空气污浊或烟雾重的地方饲养獭兔,这些环境条件对其健康和毛皮质量都有负面影响。同时,应特别注意预防和控制可能严重影响毛皮品质的寄生虫疾病,如脱毛癣、真菌病、螨病和虱病等。一旦发现这些疾病的迹象,应立即将患病的獭兔进行隔离并治疗,以防疾病的进一步传播和恶化。

第四节　不同季节的饲养管理

我国幅员辽阔,地形复杂,南北气候差异大,气温、雨量、湿度等都有明显的地区性和季节性差异。獭兔的饲养管理应按不同季节实行科学的饲养管理。

一、春季饲养管理

在春季进行獭兔的饲养管理时,需要特别注意气候和环境条件对獭兔健康的影响。春季,中国南方常见阴雨天气,湿度高,细菌活跃,是獭兔易患病的高峰期,尤其对幼兔而言;而北方则多风沙,日夜温差大,对养獭兔同样不利。因此,在这个季节,重点应放在防湿和防病上。

（一）春繁春养

经过冬季，獭兔因缺少青绿饲料、气候寒冷、光照不足而普遍体质较差，此时也正是它们换毛的时期。母兔可能不易发情或发情不明显。饲养时应尽可能提供新鲜嫩绿的饲料，并补喂富含蛋白的混合精料，以帮助獭兔尽快恢复体质，促进早期发情和配种。

（二）优化饲喂

在喂食颗粒饲料时，确保兔子吃得饱和好。在以青料为主、精料为辅的饲养模式下，应避免喂食带泥浆的水和已经发热的青饲料，绝对不能喂食霉变或变质的饲料。在湿度高的情况下，减少高水分青饲料的喂食，增加干粗饲料的比例。为增强兔子的抗病能力，可以在饲料中添加大蒜、葱等具有杀菌能力的食物，以及适量的碘溶液、木炭粉或抗生素、磺胺类药物，减少消化道疾病的发生。

（三）保持环境卫生

春季温度上升，病原微生物繁殖活跃。要认真保持环境卫生，勤打扫、勤消毒、勤清洗。兔舍需要保持通风良好，干燥，地面可撒草木灰、石灰进行消毒和防潮。

（四）加强日常检查

春季是獭兔高发病季节，特别是球虫病多发。每天都要检查兔群的健康状况，对表现出食欲缺乏、腹部膨胀、腹泻等症状的兔子要及时进行隔离和治疗。春季也是獭兔配种繁殖的最佳季节，需要特别注意母兔的发情症状，及时配种。对于产后的母兔，可安排早期配种，以利用春季多繁殖一胎。鉴于春季早晚温差大，要特别注意幼兔的保暖，防止感冒、肺炎等疾病，避免引起死亡。

二、夏季饲养管理

在夏季，獭兔饲养管理需特别注意，因为这个季节的高温和湿度不仅会影响獭兔的食欲和健康，还有利于细菌和寄生虫的繁殖，使得獭兔更易患病和死亡。采取适当的管理措施对保证獭兔安全度过夏季至关重要。

第一，防暑降温。春季在兔舍周围种植藤蔓类植物如爬山虎、牵牛花、葡萄，以形成自然凉棚；或在夏季之前搭建凉棚或遮阳网，设立兔舍顶部的隔热层。加强通风，开放门窗，安装排风扇，以促进空气流通和降低温度。在炎热的中午，可使用凉水喷雾进行降温。

第二，卫生和消毒。保持兔舍干燥卫生，定时清理粪便并对环境进行消毒。水槽和食槽每日清洗消毒，防止蚊虫滋生和病原传播。

第三，适时饲喂。在早晚较凉的时间饲喂高营养价值的饲料，晚上增加饲料量以促进獭兔夜间采食。中午时减少或不喂青绿多汁饲料。供给充足的清凉饮水，可在水中添加维生素C、电解质或解暑剂以减轻热应激。

第四，饲料保存。夏季高温多雨，易导致玉米、麸皮、颗粒饲料发霉变质。因此，应在干燥、通风、防水的仓库中存放饲料，减少储存时间，防止霉变。

第五，疾病预防。夏季是某些疾病如兔巴氏杆菌病、大肠杆菌病、魏氏梭菌病等的高发期，需提前进行免疫预防。定期使用不同的抗球虫药物预防兔球虫病。对于呼吸系统疾病，可使用维生素A和保护呼吸道黏膜的药物进行预防。

第六，调整饲养密度和配种策略。夏季前将幼兔分笼饲养，降低成兔的饲养密度，减少热应激。在舍温超过30℃时，应停止配种。夏季高温对公兔的生育能力有持续影响，需采取特殊防暑措施，保护其繁殖能力，以便秋季配种。

三、秋季饲养管理

秋季是獭兔饲养的理想季节，由于气候干燥、饲料充足且营养丰富，这一时期需要特别关注繁殖和换毛期的管理。

加强繁殖管理：秋季獭兔的繁殖相对困难，配种的受胎率和产仔数通常较低。为了帮助獭兔从盛夏的体质弱化中恢复，并适应秋季短日照的特点，需要加强营养，精心饲养，尤其是种公兔，以增强其适应环境的能力和体质。不过，由于秋季气候温和，饲料充足，仔兔的发育和成活率通常较好。在条件允许的情况下，可在7月末至8月初开始安排繁殖。

强化饲养：秋季是成年兔的换毛期，这一时期兔子体质较弱，食欲缺乏。因此，饲料中应增加青绿料，并适当增加高蛋白精饲料的比例，以补充充足的营养。换毛期的兔子不宜宰杀和剥皮。

细致的日常管理：秋季的温差较大，尤其是早晚与午间的温差，有时可达10至15℃，易导致幼兔患感冒、肠炎、肺炎等疾病。因此，需要细心管理，尤其是群养的獭兔。在每天傍晚应将兔子赶回室内，并避免在大风或降雨天气让它们露天活动。

四、冬季饲养管理

冬季，由于气温低、日照短、缺乏新鲜青绿饲料，獭兔的饲养管理需要特别关注以下方面。

整合兔群：优质种兔群的构建是养好獭兔的关键。利用冬季这个时机，进行兔群的大整顿，留下具有强繁殖力、后代生长快的青年母兔和种公兔。淘汰那些体弱多病、产仔率低、性欲低的兔子。确保兔群中公母比例至少为1∶8，维持种兔群的年龄结构平衡。

补充光照：冬季日照时间短，对母兔生殖激素的分泌不利。为提高母兔的繁殖性能，应人工补充光照时长，确保每天光照时间达到14～16小时。

搞好冬繁：虽然冬季气温降低，但病原微生物活性减弱，使仔兔的成活率高。在恒温环境中，可进行冬繁冬养。适时配种，特别是在中午阳光充足时，可采用重复配种或双重配种方法提高受胎率。

防寒保暖：冬季寒冷尤其是在北方，必须确保兔舍具有良好的保温性能。适当使用塑料布、门帘来隔绝寒风，有条件的情况下可以安装暖气或生煤火取暖。确保产仔的母兔有足够的保暖物料。

搞好卫生：冬季卫生管理尤为重要，需定期消毒兔舍，避免产生耐药性。保持兔舍干燥，减少刺激性气体，防止呼吸道疾病。同时，要注意通风，及时排出兔舍内的浊气。

防治疫病：冬季要注重预防传染病，如兔瘟、巴氏杆菌病等。使用疫苗时要合理选择，防治螨虫感染和球虫病。注意在兔舍温度适宜时，给獭兔加入防治球虫病的药物。

科学饲喂：冬季需调整饲料配方，增加能量饲料比重，提高消化能。特别注意维生素的补充，适当提高粗饲料在饲料中的比例。喂养时要注意给兔子提供温水，避免饲料结冰。

以上措施是确保獭兔在冬季健康成长、繁殖的关键。适时的管理调整，可以有效应对冬季的低温和环境变化，保证獭兔的健康和生产效率。

第十章　兔舍建筑及环境调控

第一节　建场前的准备

在当前的经济环境下，运营獭兔养殖场需要有清晰的目标和适当的规模。无论是从事獭兔的个人繁殖还是商业养殖，都应基于充分的调查研究。这包括了解市场信息、獭兔养殖的条件需求、技术支持以及投资能力等多个方面，综合这些因素来做出明智的经营决策。

二、做好市场调查，确定养殖场办场方向

在建立獭兔养殖场之前，进行详尽的市场调查是至关重要的。近年来，受多种因素影响，獭兔产品的市场呈现出一定的波动规律。因此，建议首先向相关部门咨询国际市场动态、产品销售情况及其未来发展前景。同时，也应向畜牧相关部门和一些大型成功的獭兔养殖场了解獭兔品种的特点以及在本地的适应性。此外，学习有效的獭兔经营管理方法，并掌握其他养殖场在养殖过程中的经验和教训也非常重要。这些信息将帮助决定养殖场的经营方向和发展计划。根据这些计划，可以确定养殖场的规模、种兔的养殖规模、引进种兔的数量和时间。

另外，还要考虑养殖场的经营方向。獭兔作为一种既能提供毛皮又适于肉食的兔种，在我国养殖的主要目的是为市场提供高质量的毛皮。

因此，筹建獭兔养殖场时，重点应放在生产大量商品兔、收集优质毛皮以及提供兔肉上。同时，追求良好的产值和利润也是养殖场经营的关键目标。最后，根据这些计划做好充分的引种准备工作。

三、确定兔场规模

在确定兔场的规模时，需要综合考虑市场对产品的需求、当地的自然环境、饲料资源、养殖技术和经营能力等多种因素。一般而言，兔场的规模不宜过小，因为过小的规模难以形成有效的经济效益。20 世纪 60 至 70 年代我国流行的小规模养兔方式已不再适应当前的市场环境。然而，过大的规模也存在问题，如投资大、风险高，且可能因技术和管理能力不足而导致经济损失。

对于一般农户来说，适当的养殖规模是建立约百只笼子，饲养 20 至 30 只基础母兔，年产商品兔在 500 至 600 只左右。这样的规模可以确保年产值达到万元以上。一旦农户对獭兔养殖技术和市场有了足够的了解和经验，可以考虑适当扩大养殖规模。

四、确定兔群结构

兔群是发展生产的重要基础，兔群结构直接影响着獭兔的生产发展、养殖效果和产品质量。

（一）公母结构

在我国，兔子繁殖通常以季节性和自然繁殖为主。在这种情况下，合理的公母比例是至关重要的。对于普通的生产兔群，公母比例建议在 1 ：8 到 1 ：10 之间，而对于专门的种兔繁殖群体，建议的比例是 1 ：6 到 1 ：8。采用人工授精的集约化兔场，公母比例可以适当增加，推荐为 1 ：16 到 1 ：20 之间。这样的比例分配有助于确保繁殖效率和管理的便利性。

（二）年龄结构

獭兔是高产的动物，具有较短的世代间隔，种兔的最佳使用期限通常是 2 到 3 年。由于青年兔的生产性能相对较低，超过 3 岁的老年兔生产性能会显著下降，所以，对兔群进行定期的淘汰和更新是非常必要的。理想的兔群年龄结构应该是：7 到 12 个月龄的后备兔占总数的大约 25% 到 35%，1 到 2 岁的壮年兔约占 35% 到 50%，而 2 到 3 岁的老年兔大约占 25% 到 30%。这种年龄结构有利于维持兔群的生产效率和稳定性。

五、笼舍建设

在开始獭兔养殖之前，需要准备好兔舍和兔笼，以及必要的设备和工具，如食槽、饮水器和产仔箱等。为了确保种兔进入一个卫生和舒适的环境，应在引进种兔前一周对笼舍和设备进行全面的清洁和消毒工作。这样的准备工作对于维持兔群的健康和提高养殖效率至关重要。

六、备足饲料和药械

在开始獭兔养殖之前，必须确保有足够的饲料供应，包括大约一个月的常用饲料，如粗饲料、精饲料和无机盐添加剂等。还需要提前准备好饲料配方，并预先混合饲料。

同样重要的是，养殖獭兔前应准备好必需的器械和药物，包括注射器、体温计、常用药物和疫苗等。这些准备工作对于确保兔群健康和有效应对可能出现的问题至关重要。

七、进行技术培训

对于饲养人员而言，了解獭兔的特性，掌握其常见疾病的识别、预防方法，以及兔舍环境管理和消毒等知识是非常重要的。通常，饲养人员应通过参加专业的技术培训班、实地参观和实习兔场，或者自行学习，以获得必要的养兔技术和知识。这些培训和学习活动对于确保兔群健康和提高养殖效率具有重要意义。

八、开办獭兔养殖场的注意事项

（一）獭兔养殖模式和规模要因地制宜

在我国，由于各地区的气候和基础设施条件差异较大，以及市场情况的不同，獭兔养殖并没有一个统一的模式。因此，在开办獭兔养殖场时，需要吸取他人的成功经验，并结合自身特点，发挥自己的优势，做到因地制宜。至于养殖场的规模和类型，包括选择养种兔还是商品兔、运营小型还是中大型养殖场，以及是否采用传统或集约化饲养方式，这些都应根据自身条件来决定。关键在于务实、追求效益、量力而行。

对于初次涉足獭兔养殖的个体养殖户来说，应避免急功近利和贪大求全。建议从小规模养殖开始，经历一个獭兔养殖的生理周期后，待熟悉了獭兔生产的各个环节，再逐步扩大规模。

（二）以市场为导向，以效益为中心，以科技为支撑

在开展獭兔养殖时，市场导向、效益中心和科技支撑是三个关键原则。过去，许多家庭式兔场将养兔看作副业，缺乏对商品经济的理解，不注重成本控制和效益追求，有时甚至盲目跟风。这种缺乏市场调研、管理不善的做法往往以失败告终。因此，獭兔养殖的目标应该是实现最大的经济效益。这需要养殖者树立商品意识和市场竞争意识，强化经营管理，确保所有管理活动都是为了提高生产效益。

在不断提高的獭兔养殖和产品加工水平的今天，充分利用现代科技手段是提高獭兔养殖综合经济效益的关键。那些坚持传统方法、过时经验，不接受或不利用现代养殖技术的养殖场，往往难以在竞争中立足。

（三）开展獭兔产品综合加工与利用

为了成功运营兔场，重点应放在优化獭兔的遗传品质、确保产品销

售渠道的畅通以及獭兔产品的综合加工和利用上。在条件允许的地区，兔场应当采取多元化经营策略，实施生产、供应和销售的一体化管理。兔场的核心业务应是獭兔的养殖与经营，还应着手于增值加工、产品的多方面利用以及提供相应的配套服务，以达到科学管理和综合经营的目标。

第二节　场址的选择与布局

一、场址的选择

设计兔子养殖场和笼子的建筑是至关重要的，因为它们直接影响到兔子的健康、生产力以及工作效率。在规划兔子养殖场和笼子时，应该考虑兔子的天性，并结合养殖区域的环境特点选择合适的地点和构建笼子。这样做不仅有利于兔群的健康，也便于饲养管理，同时能有效进行肥料积累和疾病预防。

（一）地势

选择兔子养殖场的地点时，应优先考虑地形高而干燥、地面平坦且开阔、具有适当的倾斜度、背风面向阳光、地下水位较低、排水条件良好的区域。在主要种植水稻的地区建设兔子养殖舍时，需要提高地基，建设有效的排水系统，以确保养殖场地面的干燥。

（二）土质

适于建獭兔舍的土壤应具备透气、透水性强，毛细管作用弱，吸湿性和导热性低，质地均匀和抗压性强等条件，以沙土或沙壤土最为理想。

（三）水源与水质

建立成功的兔子养殖场需要确保有充足且质量良好的水源。这不仅包括饲养人员的日常生活用水，还包括兔子的饮水、混合饲料所需的水、清洁饲养工具和设备以及清洗粪便所需的水，还有用于灌溉饲料作物的水。

水质对人和兔子的健康有直接影响。理想的水源包括泉水、自来水或溪流中的流动水，其次是江河中的流动水。池塘水通常为静止的死水，往往存在污染问题。如果不得不使用池塘水，那么必须对其进行消毒处理。

（四）交通与电源

在选择兔子养殖场的位置时，应避免人口密集或商业活动频繁的地区，同时确保交通便利。养殖场需要频繁运输饲料、设备进场，以及产品和粪肥出场，因此交通的便利性至关重要。不过，兔场也不宜太靠近主要交通干线，最好与主干道保持至少 200 米的距离，且离一般的道路也应有 100 米左右的距离。在安装电源时，要考虑到养殖场的生产和日常生活用电需求。

（五）饲料基地

饲料是养殖兔子的关键物质基础。对于规模较大的兔子养殖场来说，草料和饲料的需求量是非常大的。如果完全依赖于外地供应，不仅会增加饲养成本，而且在运输和供应上也不方便。因此，在选定养殖场的位置时，考虑到兔场的养殖规模，应在附近安排一些饲料生产基地，这将极大地便利日后的饲养管理工作。

即使兔子主要以全价饲料（如颗粒料）为食，也应适当规划一些饲料基地。特别是在母兔繁殖期间，补充一些新鲜绿色多汁的饲料是非常有益的，这有助于母兔产生充足的奶水，从而更好地哺育幼兔。

（六）空间隔离

为了预防疾病的传播，兔舍的位置应该远离屠宰场、牲畜市场、畜产品加工厂以及有牲畜频繁出入的道路、港口或车站。考虑到兔子对突然的噪声会有强烈的应激反应，这种反应可能严重影响它们的正常生理活动，因此兔舍最好建在较为僻静的地区。理想的情况是，兔舍与繁忙的市区或噪声源保持 2000 米以上的距离。

二、场内建筑物的布局

确定了兔场的位置后，接下来需要根据兔场的任务、规模和饲养流程，以及所选地点的特点来规划兔场的整体布局。兔舍作为兔场的核心部分，其中包括用于隔离病兔的专用舍。除了专用舍，还需建设服务于兔子养殖的各种辅助建筑和设施，如饲养管理人员的宿舍、食堂、办公室、兔子饲料及加工设备的仓库、饲料加工和调配室、兽医治疗室、屠宰间和化粪池等。

兔场的整体布局和朝向最好是正南或偏南方向，特别在北方地区这一点更为重要。根据兔舍和附属设施的建设需求，可以将兔场分为三个区域：一是生活管理区；二是生产区；三是粪便及尸体处理区。这三个区域的具体布局应根据当地常年的主风向、地形和水源流向进行合理规划。生活管理区应设在上风向和地形较高的地方，粪便和尸体处理区则位于下风向和地形较低的地方。这两个区域与生产区之间应保持适当的距离，最好相隔 50 米以上。

隔离病兔舍应设在较为隔离的位置，位于无健康兔舍的下风向。生产区内的兔舍、兽医室、采毛室、饲养员的工作和休息室以及青饲料储存棚等可相互连通。屠宰室应位于下风头和水源下游，办公室宜靠近兔场的主入口，饲料仓库应设在地势较高的地块上，饲料加工室则应远离生产区，以避免粉尘污染和噪声干扰兔群。整个生产区最好设有围墙。车辆和油库，应设在生产区外，且设有独立的围墙。各个区域之间应有道路相连，且便于车辆通行。如果需要打井引水，水井最好设在生活区和生产区之间。

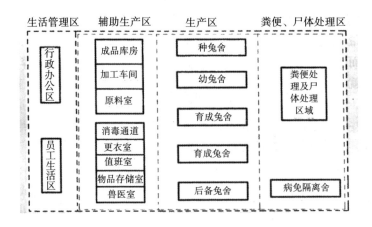

图 10-1　兔场总体布局图

第三节　兔舍建筑

一、兔舍建筑的要求

（一）建筑材料要因地制宜，坚固耐用

在建设獭兔养殖场时，选择建筑材料需要考虑到獭兔的啮齿习性和挖掘能力。为了确保结构的坚固耐用，建议使用如砖、石、水泥、竹片以及网眼铁皮等材料，因为这些材料质地坚硬不容易被獭兔啃咬或损坏。

（二）兔舍设计要便于饲养管理和防疫

设计兔舍时，重点是要方便饲养管理和有效进行防疫。兔舍除了需要具备良好的防疫条件，还要能够抵御风寒和高温。对于固定式的多层兔笼，其总高度应适中，以确保方便清洁和消毒。通常，双列兔笼的通道宽度宜保持在大约 1.5 米左右，这有利于日常管理。设计粪水沟时，其宽度应不少于 0.3 米，并保持 1% 到 1.5% 的坡度，以便于粪便和废水的流走。这些设计考虑有助于保持兔舍的清洁卫生，防止疾病的传播。

（三）兔舍各部分建筑的一般要求

兔舍建设需考虑到獭兔的生理特点，如成年兔耐寒怕热、仔兔需温暖，以及所有獭兔对潮湿环境的不适应。不同地区的气候条件也应在设计时予以考虑。以下是兔舍各部分建筑的一般要求。

（1）屋顶：屋顶应具备挡风、遮阳和防雨的功能。在寒冷地区，屋顶还需具备保温功能，而在南方地区则更需考虑防暑和隔热。选择合适的屋顶材料和确定适宜的厚度非常重要。一般来说，屋顶坡度不应低于25%。

（2）墙体：墙体作为兔舍结构的主要部分，通常采用砖砌，这不仅保温效果好，还能防止动物侵害。为了良好的通风和采光，应在墙体靠近地面处设进气孔，靠近屋顶处设排气孔。

（3）门窗：门应结实并具备保温功能，同时便于人和车辆出入，且能防止动物侵害。窗户主要用于通风和采光，面积越大越好，但也要注意保暖性。一般按采光系数1∶10计算，入射角不宜低于25°，窗台距地面0.5～1米为宜。

（4）地面：兔舍地面应坚固、平整、不透水、耐冲刷和防潮。水泥地面是目前多数兔场的选择。砖砌地面虽然成本较低，但易吸水且不易消毒，湿度大，因此不适合大中型兔场使用。兔舍内的排水沟和排粪沟应低于地面，以便于清洁。

（5）兔舍容量：对于大中型兔场，每个兔舍适宜饲养成年兔100～200只或商品兔400～500只。为便于防疫，可将兔舍划分为每区约100只的小区。兔舍规模应与生产责任制相适应，一般情况下，每位饲养员负责100～150个笼位是适宜的。公、母兔的饲养、配种和仔兔培育应全部承包给饲养员，明确权责和利益，以提高管理效率。

二、兔舍形式

（一）笼养兔舍

笼养兔舍可分为室内笼养、室外笼养和半敞开式等形式。

1. 室内笼养

室内笼养是指在室内建设兔舍和兔笼的养殖方式，兔笼的布局可以是单列、双列或多列，而且可以设计为单层、双层或三层结构（图10-1至图10-5）。兔舍的建筑类型包括土木结构和砖石结构等，屋顶的设计有单坡式、双坡式、半顶式、圆拱式和钟楼式等多种形式。根据通风需求，兔舍还可以划分为封闭式、开敞式和半开敞式。这些设计的选择应基于当地的气候条件和可用的建筑材料。

在寒冷的北方地区，为了保持兔舍温暖，建议兔舍设计得较低，并以土木结构为主。墙体和屋顶应增加厚度，以提高保温效果。兔舍内的地面宜使用三合土（由石灰、碎石和黏土按1∶2∶4的比例混合）制成，保持地面平整且干燥。

而在炎热的南方地区，为了应对高温，建议兔舍设计得较高，采用开敞式或半开敞式以利于通风。兔舍应设有足够多的窗户，以便在冬季封闭门窗时可以利用天窗排出室内的污浊空气，在夏季则能够通过频繁开启门窗实现自然通风。在这些地区，建议使用砖、瓦和水泥等材料进行兔舍建设。

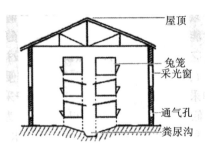

图 10-2　室内双列式獭兔舍

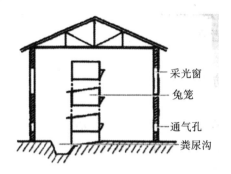

图 10-3 室内单列式兔舍

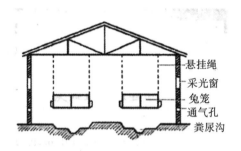

图 10-4 室内单层悬挂式兔舍

图 10-5 室内四列阶梯式兔舍

在室内兔舍中，兔笼的排列应与房屋朝向一致，确保所有兔舍都能获得充足的通风和采光。除此之外，还存在全封闭式的室内兔舍。这类兔舍的四壁和屋顶都是封闭的，舍内小气候完全依靠特殊装置进行自动调节。在通风方面，当舍内外的气压差达到一定程度时，自动通风系统的风扇就会启动，新鲜空气从上方进入，废气则通过下方的管道排出。

这种兔舍还配备了自动调控温度、湿度和光照的系统，以及自动喂食、供水和清理粪便的设备。这样的设计有利于提高兔子的增重率和饲料转化率，也有助于防止疾病的发生和传播。然而，在实施这种兔舍时，必须根据獭兔的生活习性和需求，严格控制舍内的温度、湿度、光照强度和通风量。

尽管这种全封闭式兔舍是理想的选择，但其造价高昂，且一旦设备出现故障或遇到停电、停水等紧急情况时，可能难以维持良好的饲养环境。在决定建造这种类型的兔舍时，需要仔细考虑各方面的因素。

2. 室外笼养

室外笼养，又称为敞开式兔舍，是一种将兔笼设置在室外的养殖方式。这种兔舍的显著特征是没有独立的房屋结构，兔笼与建筑本身相结合，兼具多重功能。在建设此类兔舍时，地基需要较高，兔笼的前檐应设计得较长，后檐较短，而且笼壁需要坚固耐用。如果是建造固定式兔笼，可以采用砖砌结构，并使用水泥进行表面处理。为应对高温，室外兔舍可以建立在树林下，或者在兔笼顶部（至少高出 10cm）架设棚架，并覆盖顶棚或种植攀缘植物。室外兔舍还应配备围墙，以防止动物侵害和盗窃，还需要规划通道、储粪池、饲料室和管理室等设施。开敞式兔舍适合在各地建造，但尤其是在冬季或北方地区，建议覆盖塑料大棚以保持温暖。大棚的设计可以有多种形式，冬季时獭兔可以被安置在大棚内。只要管理得当，獭兔仍可在大棚内正常繁殖。

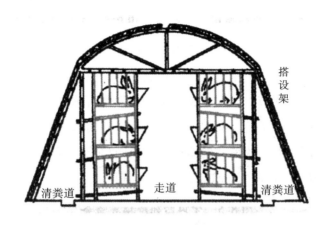

图 10-6　塑料大棚式獭兔舍

建造塑料大棚养兔时，首选透明宽幅的农用塑料薄膜，厚度约为 0.1mm ± 0.02mm。可以使用木棍、竹竿、水泥柱、钢材或竹片作为支架，并用绳索或钢丝进行固定。为了增强保温效果，外部可以加设草帘。塑料薄膜的下缘需埋入土中并夯实以固定。棚顶的高度和坡度应考虑通风、采光和雪水排除的需要。通风主要依靠门窗，门应设于棚端，方便出入，且需挂设棉帘或草帘。窗户应设置在侧面或顶部，数量和大小需适宜。长 10 米、宽 3 米以上的棚，1 至 2 个窗户即可，重点在于密封性好且易于开启。

在塑料大棚养兔时，需注意以下几点：首先是通风和防潮，由于塑料薄膜透气性差，需定期开窗通风，尤其在晴暖天气。及时清理粪便，并撒上石灰或干砂等吸潮物，以保持棚内干燥。其次，增加光照，特别是在冬季短日照时期，可通过人工光源补充，保证獭兔获得 14 至 16 小时的光照。最后，日常管理包括定期清洁薄膜，保证支架牢固，及时清除积雪，避免薄膜损坏，并在温度过低时适当取暖。

当天气转暖，可逐步拆除大棚，过程中应逐渐减少覆盖物，直至完全拆除。拆下的薄膜需清洗干净，晾干后妥善保存，以便来年再用。整个过程需考虑到獭兔的舒适和健康，确保管理得当。

3. 半敞开式兔舍

半敞开式兔舍是一种适合于多种气候条件的兔舍设计，可分为单列和双列两种布局（图10-7）。在这种设计中，兔舍内的微气候主要通过门窗与外界自然调节。单列式兔舍可能四面都有墙，或者三面有墙，兔笼朝向的一面设有矮墙。而双列式兔舍通常四面都有墙。兔笼直接安装在一侧或两侧墙上，使兔舍的墙壁同时充当兔笼的后壁。承粪板安装在墙上并向外伸出10到15cm，以便于清理粪便。

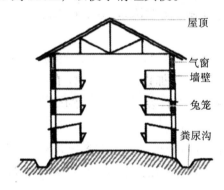

图 10-7　半敞开式双列獭兔舍

在靠近屋顶10cm高的墙上设置气窗，以提供通风和光照。每个兔笼的后壁应设有20cm×20cm的小窗，中间可以用立砖砌成栅栏状，或使用钢筋或钢板网制成。承粪板上方的墙壁上也应开有扁形小孔，用于粪尿排放。

兔笼前方或两排兔笼之间应留有1.3到1.5米宽的走道，走道地面应用水泥或三合土铺设，中间略高，两侧略带坡度，便于排水。墙体宜用砖砌，屋顶可用瓦覆盖，最好加设隔热层，减少夏季的热量辐射。屋顶应有一定倾斜度以便排水。在冬季，应对无墙部分和墙上的孔洞进行封堵，以保持温暖。日常管理中需要注意防止野生动物侵害。

4. 室内、室外相结合的兔舍

室内外相结合的兔舍是一种多功能兔舍设计，它在室内部分除了设有单列三层兔笼，还在前墙内的窗下增设了一个单层兔笼。这个额外的兔笼可以根据需要调整大小，适用于单独饲养、群体饲养或专门用于繁殖母兔。这种兔笼的下部设计有一个开口，可直接通向外部的运动场，便于兔子活动和运动。在天气恶劣或寒冷的情况下，这个开口可以被封闭，以保持兔舍内的温暖和舒适。在建造这种兔舍时，必须特别注意防止野生动物的侵害，确保兔子的安全。这种兔舍设计既能满足獭兔室内生活的需要，又能提供室外运动和活动的空间，是一种非常实用的养兔环境。

（二）栅栏式群养兔舍

栅栏式群养兔舍是一种适合于群体饲养獭兔的设计，可以通过改建现有的空闲屋或新建设施来实现。这种兔舍的特点是在屋内用高80至90cm的竹片、竹竿或铁丝网建造一列或双列的多格围栏。若是双列围栏，中间应留有足够的人行道，以便于饲养和管理操作。围栏也可以用砖砌建。每个围栏的面积应根据需要饲养的兔子数量来确定。

为了保持清洁和卫生，围栏地面应设有栅栏状的底板，便于粪尿的排出。还可以在墙上开洞，使其通往室外的围栏（运动场）。室外围栏的建设与室内相似，其面积应大于室内，并铺设干河沙，便于清洁。在晴朗天气，可以在室外运动场进行喂食和饮水；在阴雨或寒冷天气，则在室内栅栏处进行。

这种兔舍特别适合于饲养幼兔，每个栏圈可容纳30只幼兔或20只青年兔。其优点在于节省人工和建材，饲养管理方便，獭兔能呼吸到新鲜空气并获得充分的运动，有助于提高兔子的体质。光照充足，有利于獭兔的健康成长。然而，这种设计的缺点在于兔舍的利用率较低，难以进行分食喂养；易发生打斗，且难以控制疾病的传播。通常，这种类型的兔舍被用于饲养后备兔和商品兔。

图 10-8 栅栏式群养兔舍

（三）地沟群养兔舍

地沟群养兔舍是一种经济实用的兔舍设计，适合于排水良好且地势较高且干燥的地点。这种兔舍的建造方式是挖掘一个深约 1.2 米、宽约 2米、底部宽约 0.7 米的长方形沟。沟的一端挖成斜坡形式，以便兔子能轻松跑出到外面的运动场。在沟的上方，用土坯搭建成一个小型避水房子，正面设有窗户，并在窗户下方设置一个门。门外部分设有一个运动场，房屋后部则设有排水沟。

这种兔舍的优点为成本低廉、材料节省，以及冬季温暖夏季凉爽，非常适合家兔的喜凉怕热和挖洞的习性。然而，它的缺点在于管理和清洁上的不便，尤其在雨季可能会较为潮湿。尽管如此，地沟群养兔舍依旧是一种有效的饲养方式，特别是对于有限预算和资源的养兔场所。

第四节 獭兔笼的结构与设计

兔笼是獭兔生产中不可缺少的重要设备，设计合理与否，直接影响着獭兔的健康、兔产品品质和生产效益。

一、兔笼规格

兔笼的尺寸应根据兔子的品种、类型和年龄来确定，主要目的是确保獭兔在笼内有足够的空间自由活动。通常，兔笼的长度应是兔子体长的 1.5 到 2.0 倍，宽度是体长的 1.3 到 1.5 倍，高度则为体长的 1.1 倍左右。

对于以商品生产为主的成年种獭兔，一般推荐的兔笼尺寸为宽 60cm，深 55cm，高 45cm，每只兔子所需的面积大约在 0.15 到 0.23 平方米之间。商品兔的笼子则建议尺寸为宽 40cm、深 50cm、高 40cm，每只所需面积约在 0.08 到 0.12 平方米范围内。至于仔兔笼，则建议尺寸为宽 50cm、深 45cm、高 35cm，每只所需面积大约为 0.8 平方米。

二、兔笼结构

（一）笼门

笼门的设计应便于操作，同时能够有效防止动物侵害和兔子啃咬。通常笼门位于笼子的前面，可采用竹片、带孔的铁皮或镀锌冷拔钢丝等材料制成。一般建议笼门的转轴安装在右侧，并向右开启。

为了提高兔舍的工作效率，草架、食槽和饮水器等配件都可以挂在笼门上。这样的设计不仅可以增加笼内的可用空间，还能减少开关门的次数，从而方便饲养管理，并确保兔子的生活空间充足。

（二）笼壁

兔笼的壁体可以由多种材料构建，如水泥板、砖、石，也可以用竹片或金属网制作。无论采用何种材料，关键在于确保笼壁平滑且坚固，以防止兔子啃咬并保护兔子免受伤害或脱毛。如果选用砖砌或水泥预制件来建造笼壁，应预留 3cm 的间隙用于放置承粪板和笼底板。若选择竹木栅条或金属网条作为笼壁材料，则条宽应在 1.5 到 3.0cm 之间，条与条之间的间距控制在 1.5 到 2.0cm 为佳。这样的设计既确保了结构的坚固性，也有利于兔舍内部的通风和清洁。

（三）承粪板

承粪板主要用于收集獭兔排泄的粪便和尿液，防止污染位于下方的其他獭兔和兔笼。常用的材料包括石棉瓦、油毡纸、水泥板、玻璃钢和石板等，这些材料具备表面平滑、耐腐蚀和重量轻的特点。在安装承粪板时，应使其前端稍高于后端，形成一个倾斜角度，且板的后端需要超出下方兔笼约 8 至 15cm。这样设计是为了确保粪便可以顺畅流出，避免污染下方的笼具，从而保持兔舍的清洁和卫生。

（四）笼底网

兔笼的底部通常使用镀锌冷拔钢丝或竹木材料制成的兔网。这种设计的要求是网格要平稳但不滑，结实但不过硬，便于清洁和消毒，同时也要耐腐蚀。此外，笼底网的设计应便于及时排除粪便，并最好是活动式的，以方便进行清洗、消毒或维修。就网孔大小而言，断乳后的幼兔笼网孔宜在 1.0 至 1.1cm 之间，而成年兔的笼底网孔大小则应在 1.2 至 1.3cm 之间，以保证合理的排便和通风条件，同时保护兔脚不受伤害。

三、组合笼层高度

目前国内广泛应用多层兔笼，多层兔笼通常将上下笼体完全重叠，一般构建为 2 至 3 层的结构。每层间配备承粪板，这样的设计有效提升了房舍空间的利用率。然而，重叠的层数不宜太多，以避免影响兔舍的通风和光照，不然可能给日常管理带来不便。对于最底层的兔笼，其离地高度应至少保持在 25cm 以上。这样的设计不仅有助于通风和防潮，还能确保底层兔子有一个较好的生活环境。这类多层兔笼设计旨在最大化空间效率，也考虑到了獭兔的生活质量和舒适度。

第五节　兔场设备

獭兔场设备主要有兔笼、饲槽、草架、饮水器等，这些都是獭兔生产中不可缺少的设备。

一、兔笼

兔笼是獭兔生产中不可缺少的重要设备，其设计合理与否，直接影响着獭兔的健康和生产效益。

（一）设计要求

兔笼设计应考虑到成本效益、耐用性、操作方便性，以及满足獭兔的生理需求。设计要素包括兔笼的尺寸、门、底板、承粪板和笼壁等。

兔笼的大小应允许獭兔在内自由活动。繁殖母兔和种公兔笼子的推荐尺寸为长 70cm，宽 65 至 70cm，前檐高 45 至 50cm，后檐高 35 至 40cm。幼兔笼应设计得较大，以便于群养；而商品獭兔笼则应略小。

笼门通常安装在笼子前方，可以用竹片、网眼铁皮或铁丝网制成，需确保操作方便且能防止野生动物侵入。

笼底板是獭兔直接接触的部分，应坚固且不积粪。建议使用光滑竹片，宽约 2.5cm，间隙 1.3 至 1.5cm，与笼门平行。底板应设计为活动式，便于定期清洁和消毒。市场上还有塑料和金属材质的底板可供选择。

承粪板一般使用水泥预制板。在多层兔笼中，上层承粪板即是下层笼顶。板面应向后倾斜约 15°，以便粪尿流入粪沟，方便清理。

笼壁可以用砖块、水泥板或竹片、网眼铁皮制成。重要的是笼壁要光滑，如果使用铁皮，为防止生锈，应在表面涂油漆。这些设计考虑旨在提供一个安全、舒适且卫生的生活环境给獭兔。

171

板式塑料底板

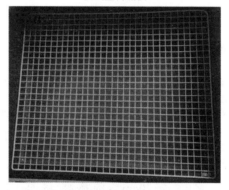

金属底网

竹片底板

图 10-9　獭兔笼底板类型

（二）兔笼种类

兔笼分移动式兔笼和固定式兔笼两种。

1. 移动式兔笼

移动式兔笼具有多种设计，可根据其结构特征分为单层活动式、双联单层活动式、单层重叠式、双联重叠式和室外单间移动式等类型。这些兔笼的共同优点包括便于移动、结构简单、操作方便、节约人力资源，以及容易维持笼子的清洁和控制疾病传播。特别是重叠式兔笼，还有占用空间小的额外优点。

除了室外单间移动式兔笼，其他类型的移动式兔笼通常更适合在室内使用。这些兔笼设计的多样性能满足不同养兔环境和需求，为饲养獭兔提供了灵活的选择。

2. 固定式兔笼

固定式兔笼根据其构造特点可分为多种类型，包括室外简易兔笼、室内多层兔笼、立柱式双向兔笼和地面单层仔兔笼等。

室外简易兔笼，适用于家庭养兔，可根据地区条件建成单层或多层结构。在干燥地区，常用砖块或土坯砌墙，并涂以石灰粉增强耐用性。

室内多层兔笼通常采用砖木结构或水泥预制件，一般设 3 到 4 层，每 2 到 3 笼设一立柱。为了便于管理和通风，底层兔笼应距地面至少 30cm。这种兔笼可以是单列或双列，后者一般为背靠背或面对面设计，以优化空间利用和便于管理。

立柱式双向兔笼（如图 10-10 所示）由长臂立柱架和兔笼组成，通常为三层，特点是承粪板连为一体，便于清扫和消毒，但需注意兔笼的稳定性和牢固度。

地面单层仔兔笼多为水泥结构，适合仔兔的生长发育，但在清扫、更换垫草和喂养方面较不便，现代兔场已在设计上进行了改进，如将笼底改为竹条或活动网板，笼顶采用竹条或铁丝网覆盖，以增加透气性和方便管理。

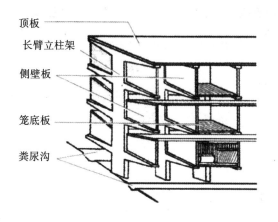

顶板

长臂立柱架

侧壁板

笼底板

粪尿沟

图 10-10　立柱式双向兔笼外观

二、附属设备

（一）产仔箱

产仔箱，也称为育仔箱（如图 10-11 所示），是专为母兔分娩和育仔而设计的设施。考虑到仔兔至少在产箱内生活一个月，设计上需要注重保温，并且便于母兔进出哺乳的同时确保仔兔不易爬出箱外。目前流行的产箱设计主要有两种：一种是平口产箱，通常采用 1cm 厚的木板制成。箱底应钻有几个小孔，以便尿液排出，保持干燥。另一种是带有月牙形缺口的产箱。这种设计在箱子的前端留有一个月牙状的缺口，使得在分娩时，产箱可以放倒，提供更大的空间方便母兔分娩。分娩完成后，产箱再竖立起来，以防止仔兔爬出。产箱的尺寸应以能容纳卧下的母兔为原则。这两种产仔箱的设计旨在为母兔提供安全、舒适的分娩环境，同时保证仔兔在初生阶段的安全和保温。

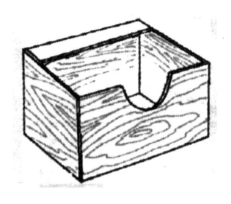

图 10-11　兔产仔箱

（二）饲槽

饲槽又称食槽，獭兔的食槽有多种类型，包括竹制、水泥制、陶制、铁皮制等，以及草架食槽。在规模化养殖场中，铁皮制食槽较为常见。獭兔食槽的设计通常为半圆形槽结构，其尺寸约为长 14cm、宽 13cm、高 6 至 8cm。为了防止食槽被獭兔踩翻或移动，通常将食槽以活动式的方式固定在笼门上。这样的设计既便于投喂，也方便进行清洁和维护，同时确保獭兔在进食时的安全和舒适。

（三）草架

草架（如图 10-12 所示）的设计旨在减少由于踩踏和粪尿污染导致的饲草浪费。通常呈"V"字形，有固定式和翻转式两种形式。草架可以用钢丝、竹条、木板条或废铁皮等材料制成栅格网状结构，一般会固定在兔笼门的中央位置。

标准的草架尺寸大约长 25 到 30cm，顶部宽度约 15cm，高度在 20 到 25cm 之间。还有一种较大的草架设计用于放置在运动场上，这种草架的尺寸可以更大，长度约 1m，高度约 70cm，顶部宽度约 50cm。这样的设计既方便獭兔进食，又能有效避免饲料的浪费，同时保持了兔笼的整洁。

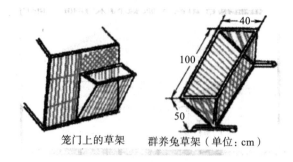

笼门上的草架　　群养兔草架（单位：cm）

图 10-12　草架

（四）水槽

　　獭兔的水槽可以分为两大类：传统的盛水容器和自动饮水器。盛水容器有多种形状和类型，主要被家庭小规模饲养者使用。而自动饮水器则包括乳头型饮水器、弯管瓶式饮水器和瓶式饮水器等，其中乳头型饮水器在规模化养殖场中较为普遍。乳头型饮水器的设计允许獭兔随时饮用新鲜水，而且减少了水的浪费和溅出，保持兔笼的干净。弯管瓶式和瓶式饮水器等饮水设备都有助于确保獭兔能够随时饮用到清洁的水源，同时减轻饲养者的劳动强度。这些不同的饮水器具各有优缺点，饲养者可以根据自己的养殖规模和条件选择合适的类型。

（五）固定箱

　　獭兔固定箱（如图 10-13 所示）是一种专门设计用于固定兔子的设施，使得进行如刺耳号、耳静脉采血或其他操作时更为方便。这种箱子可以使用木材、铁皮或硬质塑料板制作。

　　在使用固定箱时，兔子通过箱体上方可开启的盖子放入箱内。兔子的头部可以从箱体前部的圆形孔伸出，从而实现兔子的固定，便于进行各种必要的操作。这种固定箱的设计考虑到了操作的便利性和兔子的安全性，使得进行相关养兔操作时更加高效、安全。

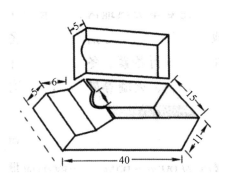

图 10-13　獭兔固定箱（单位：cm）

（六）其他设备

在养兔过程中，除了基本的养兔设施，还需配备一系列辅助工具和设备以保证兔群健康和管理的效率。这些常用设备包括耳号钳用于标记兔子、保定台用于固定兔子进行各种操作、体重计用于监测兔子的生长情况、拌料器用于混合饲料、喷雾器用于药物喷洒或消毒、解剖用器械用于必要的解剖检查。另外，还包括板车和粪车用于运输和清理粪便、刮粪板用于清理兔舍、饲料粉碎机、搅拌机、颗粒饲料机以及青料切碎机或打浆机用于饲料的加工。注射器械、冰箱和消毒设备等也是养兔过程中不可或缺的工具。这些设备的选用应根据兔场的实际需求和经济条件来决定，以确保兔群的健康管理和日常养护工作的高效进行。

第六节　獭兔场环境调控技术

獭兔舍内环境调控技术关键在于调节和控制獭兔生活区的微气候，以确保为獭兔提供一个舒适的生活环境。这主要涉及温度、湿度、光照、有害气体和噪声等关键因素的人工控制。目的是创造一个理想的生活空间，有助于獭兔的健康成长。通过精细的环境调控，可以有效提高獭兔的生活质量,促进其健康发育,并增加养殖效率。

一、温度

獭兔的理想生活温度根据年龄而有所不同。成年獭兔的最佳生活温度范围是 15 至 25℃,幼兔为 20 至 25℃,而新生仔兔则需要较高的温度,约在 30 至 32℃。这是因为年纪越小的獭兔,其体温调节机制越不成熟,对环境温度的依赖性更高。獭兔在适宜的温度条件下生长发育最佳,饲料利用率和抗病能力也较强。

为了保持獭兔舍内的温度稳定,应避免温度的急剧变化,尤其是在较大的兔舍中,不同区域的温度差异可能会更加明显。实践表明,成年獭兔在温度低于 5℃ 或高于 30℃ 的环境中会感到不适,这会严重影响它们的生产性能。应根据獭兔的年龄,应将它们安置在适宜的温度区域内。

在夏季高温地区,可以采取种植树木、增强通风或通过地面喷水等方式降低兔舍温度 3 至 5℃。而在寒冷地区,冬季使用锅炉供热、电热器、保温伞、火炉等局部供暖方式,能有效提高仔兔的成活率。

二、湿度

獭兔的健康状态受湿度水平的影响很大,因此适当控制湿度是至关重要的。獭兔生活的最佳相对湿度范围是 60% 至 65%,通常情况下湿度不宜低于 55%。

高湿度环境,特别是在高温高湿的条件下,会影响獭兔尤其是公兔的散热能力,可能导致中暑。而在低温低湿的环境中,獭兔的散热会增加,对仔兔和幼兔的影响尤为显著。同时,温暖湿润的环境有利于细菌和寄生虫的生长繁殖,可能引发各种疾病,从而影响獭兔的生长和繁殖能力。

调节湿度的关键在于加强通风管理,确保兔舍的干燥和湿度的稳定。通过合理的通风和湿度控制,可以为獭兔营造一个健康的生活环境,有助于其健康成长和繁殖。

三、有害气体

獭兔生长健康受到有害气体的显著影响，这些气体主要来源于粪尿和受污染的垫料。在特定的温度和湿度条件下，它们可能散发出氨、硫化氢和二氧化碳等有害气体。舍内有害气体的安全浓度标准大致为：氨浓度低于 $30mg/m^3$，硫化氢浓度低于 $10mg/m^3$，二氧化碳浓度低于 $500mg/m^3$。

控制这些有害气体的主要手段是进行有效的通风。另外，还应定期清除粪尿，并确保粪尿处理区域远离獭兔舍。兔舍内部应有良好的排水系统，并且需要经常保持清洁干燥，维护良好的环境卫生。

通风不仅有助于调节兔舍内外的温度和湿度，还能有效排出废气和有害气体，从而显著降低獭兔呼吸道疾病的发病率。对于饲养密度较小的兔场，可采用自然通风方式，主要通过天窗或气窗来调节通风量，排气孔面积应占舍内面积的 2% 至 3%，进气孔面积应为 3% 至 5%。而对于规模较大的兔场，则可以考虑使用抽气式或送气式机械通风系统，适宜的风速约为 0.4m 每秒。

四、光照

在兔场管理中，光照是一个重要的环境因素。多数兔场依赖自然光照，为此，兔舍的门窗设计应确保充足的采光，其采光面积大致应占到地面面积的 15% 左右，同时保证阳光的入射角度不低于 30°。对于繁殖母兔而言，每天 8 至 10 小时的光照是达到最佳繁殖效果的理想条件。而对于公兔、仔兔和幼兔，每天约 8 小时的光照通常就足够，理想的光照强度约为每平方米 4 瓦。这样的光照安排有利于保证獭兔的健康和生产效率。

五、噪声

獭兔天生胆小且听觉敏锐，它们会时刻竖起耳朵来感知周围的环境，对声音反应尤为敏感。因此，在养殖环境中的噪声对獭兔的影响尤为重要。尤其在配种、怀孕、分娩和哺乳期，噪声对獭兔的影响更为显著。过多的噪声可能导致它们感到紧张和不安，这不仅影响其消化、神经和内分泌系统的正常功能，还可能导致母兔流产、死胎或在产后抛弃或咬伤仔兔。

六、环境卫生

环境卫生在獭兔养殖中扮演着至关重要的角色。它不仅直接影响兔舍的环境质量，而且在控制传染病传播方面起着关键作用。养殖场除了保持兔舍内部卫生，其他区域也需定期清扫和消毒。养殖场的绿化工作也非常重要，这不仅有助于调节温度和湿度，还能提供遮阴和挡风的作用。夏季种植阔叶树可以有效降低温度 3 至 5℃，并能将相对湿度提高 20% 至 50%。草皮的种植还能显著减少空气中的灰尘含量，可降低约 80%。维护良好的环境卫生和绿化是保证獭兔养殖成功的关键因素。

第十一章　獭兔常见疫病的预防与控制

第一节　獭兔常见的传染病

传染病对獭兔养殖业构成了严重的威胁，不仅能导致兔群的大量死亡和重大的生产损失，而且对人类健康也存在严重风险。獭兔养殖中常见的一些主要传染病包括兔瘟（病毒性出血症）、兔巴氏杆菌病、魏氏杆菌病、大肠杆菌病、沙门菌病、葡萄球菌病和皮肤癣菌病等。这些疾病不仅对獭兔生产造成影响，还可能间接影响到养殖户及相关从业人员的健康。

一、兔瘟

兔瘟，或称为病毒性出血症，是一种高度传染性的兔子疾病，由兔病毒性出血症病毒引起。这种病毒主要通过消化道、呼吸道和皮肤伤口传播，尤其在春季和秋季高发。感染对象通常为三个月龄以上的青年兔和成年兔，而不到 40 日龄的幼兔和一些老龄兔通常对该病毒不敏感。此外，哺乳期的仔兔也不易感染。

兔瘟根据病程的不同，分为四种类型：最急性型、急性型、亚急性型和慢性型。最急性型和急性型主要发生在青年兔和成年兔中。最急性型表现为健康兔子在感染后 10 到 20 小时内突然死亡，且死前没有明显症状。急性型的症状包括感染后 24 到 40 小时体温升高，精神沉郁，不活跃，口渴，并可能在死前出现狂奔和全身颤抖等行为。亚急性型常见于疫情后期和 3 月龄以下的幼兔，症状包括严重消瘦和被毛失去光泽，但大部分兔子最终能够康复。慢性型是近年来出现的新症状，表现为精神沉郁，不进食不饮水，病程长达 5 到 6 天，最终因衰竭而死。

兔瘟典型的病理变化包括多个器官和身体部位出血。这种出血常见于口、鼻孔、肛门、耳孔和阴门等天然孔口。呼吸系统尤其受到影响，上呼吸道黏膜因瘀血和出血而变红，其中气管的变化最为显著。肺部也会出现瘀血、水肿和红色的出血斑点。兔瘟还导致心脏的严重损害，心包常积聚液体，心内外膜出现出血。肝脏在这种疾病中通常会肿大，并呈现暗红色或红黄色，有时可以看到出血点和灰白色的坏死灶。肾脏也会肿大，颜色变为暗红、紫红或紫黑色，其被膜下可能出现出血点和灰白色斑点。这些病理变化揭示了兔瘟对兔子全身器官的严重影响。

兔瘟的临床诊断主要基于其流行病学特征、典型的临床症状以及明显的病理变化。为了确诊兔瘟，通常需要进行一系列专业的实验室测试，包括血凝试验、琼脂扩散试验和酶联免疫吸附试验（ELISA）。这些测试能够准确地检测出兔病毒性出血症病毒，从而帮助兽医或研究人员对疾病做出准确的诊断。

为预防兔瘟，采取综合性的措施是关键。首先，定期对兔群进行兔瘟疫苗的预防注射至关重要。一旦发现病兔，应立即淘汰并对其及死亡兔子进行深埋或焚烧处理，以防止病毒扩散。其次，对带毒的病兔实施严格隔离，并对其排泄物及所有饲养用具进行彻底消毒，以消除潜在的感染源。在疫情流行期间，要特别注意不从疫区引进种兔，并限制人员进出，以减少疾病传播的风险。最后，保持兔舍环境的卫生也是控制疾病发生的有效措施，包括定期对兔舍、兔笼和食盆等进行消毒。通过这些综合性的预防措施，可以有效降低兔瘟的发生和传播。

兔瘟的治疗主要依赖于预防和早期干预，因为这是一种由病毒引起的疾病，发病迅速且死亡率高，普通药物治疗效果有限。在治疗方面，主要依赖高免血清治疗，这种方法在疫情发生地区尤其有效，不仅可以用于治疗，也可作为被动免疫手段。在兔瘟初期，即在出现高热等临床症状之前，使用高免血清进行治疗效果较好。一般使用 4mL 的血清进行一次性皮下注射即可。为增强效果，也可以先进行少量血清的皮下注射，5 至 10 分钟后再进行一次静脉注射，将 4mL 血清与 5% 葡萄糖生理盐水 10 至 20mL 混合使用。然而，一旦病兔出现临床症状，如体温升高且病情已经持续数小时，即使使用高免血清治疗效果也会大打折扣。在使用血清后的 7 至 10 天内，仍需进行疫苗注射以增强免疫力。

二、兔巴氏杆菌病

兔巴氏杆菌病是一种由多杀性巴氏杆菌引起的急性传染性疾病，以败血症和出血性炎症为主要特征。这种疾病在春秋季节气候变化时最为常见，往往与布鲁氏菌病同时发生。巴氏杆菌病不仅影响所有品种和年龄的獭兔，而且具有快速传播的特点，一旦爆发，整个兔群都可能受到波及。如果治疗不及时，会导致高达 20% 到 70% 的发病率和 20% 到 50% 的死亡率。主要通过接触传播。这种疾病的潜伏期长度因病菌侵入部位、毒力和数量以及獭兔的抵抗力而异，病程可分为急性型、亚急性型和慢性型。急性型通常表现为突然死亡或出现精神不振、拒食、呼吸急促、高烧等症状，病程短暂，可在 12 至 48 小时内导致死亡。亚急性型则多由其他型转化而来，表现为呼吸困难、食欲减退和关节肿胀等症状，病程持续 1 至 2 周，有时长达数月。慢性型在群养兔场较常见，主要表现为持续性鼻炎，长期不治疗可能导致营养不良和死亡。

在病理变化方面，解剖病兔后可见到心脏、肺、肠、肝、脾、肾、膀胱、喉部和淋巴结等出现充血和出血点。胸腔内常积聚粉红色液体，主要病变表现为肺部充血、出血和胸腔积液。临床上，可以根据发病情况和典型的临床症状进行初步诊断，必要时进行细菌学检查以确定病原。

预防措施包括加强饲养管理、提高獭兔的整体抵抗力、保持兔舍环境卫生。在天气变化时应采取措施预防獭兔感冒，防止饲料和饮水的污染。引进新兔种时应进行严格的检疫，并实施隔离饲养，确认健康后才能与原有兔群合群。定期进行兔群健康检查和笼舍消毒也是重要的预防措施。

治疗方面，对于急性感染的病兔，应及时捕杀淘汰以防疾病扩散。对于具有较高种用价值的獭兔，可以使用抗病血清进行治疗，根据体重进行剂量的调整。慢性感染的獭兔可采用青霉素、链霉素等抗生素治疗，通过滴鼻、肌肉注射或口服方式给药。治疗方案应根据具体情况调整，并严格遵循剂量指导。

三、魏氏杆菌病

魏氏杆菌病，由 A 型和 E 型魏氏梭菌及其产生的外毒素引起，是一种致死性强的獭兔急性消化道传染病，主要表现为急性腹泻和快速死亡。獭兔的所有品种和年龄段均有感染的风险。感染初期，病兔表现为腹泻，粪便先是灰褐色的软粪，随后转变为黑绿色的水样稀粪，伴有腥臭味，同时出现精神沉郁和食欲丧失，肛门周围和后肢常被粪便污染。

病理变化方面，尸体表现为脱水和消瘦，腹腔有腥臭气味，胃内积食和气体，胃黏膜脱落，出现出血斑点和不同大小的黑色溃疡点。肠壁出现弥漫性出血，变薄且透明，肠系膜淋巴结充血、水肿。盲肠和结肠内充满气体和黑绿色水样粪便，散发腥臭。心外膜血管怒张，肝和肾出现瘀血和变性，膀胱内多有茶色或深蓝色尿液。临床诊断基于以上症状和病理变化，结合细菌学检查可以确诊。

预防措施包括加强饲养管理，消除可能的诱发因素，确保日粮中含有足够的粗纤维，逐渐变换饲料以减少应激反应，定期接种兔瘟、巴氏杆菌和魏氏梭菌三联蜂胶灭活疫苗。

治疗方面，一旦发病，应对整个兔群进行紧急免疫接种，可以使用兔瘟、巴氏杆菌和魏氏梭菌三联蜂胶灭活疫苗。药物治疗可以使用红霉素、卡那霉素等抗生素，结合对症疗法（如补液、内服干酵母、胃蛋白酶等消化药物）效果更佳。

四、大肠杆菌病

大肠杆菌病，也称为黏液性肠炎，是一种由致病性大肠杆菌引起的急性肠道传染病，主要影响仔兔和幼兔，尤其是 20 日龄及断奶前后的幼兔。这种疾病的典型特征是水样或胶状粪便以及严重脱水。如不及时治疗，会导致大量死亡，尤其是在卫生条件较差的群养环境中。发病初期，病兔可能突然死亡，出现精神沉郁、食欲缺乏、腹泻等症状。粪便初期呈细小成串，并包裹着透明的胶状黏液，随后转变为水样的污浊且有腥臭味的粪便，严重时会污染肛门、后肢、腹部和足部的被毛，甚至导致肛门阻塞，一旦发病病兔会迅速消瘦直至死亡。

解剖病死兔时，可以观察到皮下干燥、胃膨大、胃黏膜充血出血，以及十二指肠、回肠、盲肠黏膜充血出血并充斥半透明的胶状液体和气泡。肠道黏膜和浆膜表现为充血、出血和水肿。

临床诊断基于以上症状和病理变化，进一步确诊需进行细菌学检查，如结肠内容物的麦康盖培养基培养，可分离出纯大肠杆菌。由于大肠杆菌病与肠球虫病症状相似，需通过粪便检查区分。

预防措施包括加强饲养管理，增强兔群体质，注意兔舍通风换气，定期消毒，尤其在冬季加强保暖的同时需要保持室内空气新鲜，在春天多晒太阳以增强抵抗力。对于刚断奶的仔兔，避免过量饲喂，并定期使用抗生素，发现病兔应及时隔离治疗。

治疗方面，包括使用庆大霉素、地塞米松、氨苄西林、地塞米松、诺氟沙星等抗生素，通过肌肉注射或口服给药。使用收敛止泻的中草药也是有效的治疗方法。开始治疗后，一般在 3 天内可控制死亡率，5 天后兔群可逐渐恢复正常。

五、沙门菌病

沙门菌病是一种由鼠伤寒沙门杆菌和肠炎沙门菌引起的暴发性肠道传染病，主要影响怀孕的母兔，特征为急性腹泻、败血症、迅速死亡和流产。该病的病原体对环境抵抗力强，但对消毒剂如 3% 来苏儿水、5% 石灰乳及福尔马林等的抵抗力较弱。临床症状表现为 3 至 5 天的潜伏期后突然发病，通常伴有腹泻、体温升高、食欲减退、严重消瘦。母兔可能从阴道排出黏液或脓性分泌物，且阴道潮红、水肿，流产后迅速死亡。剖检时，可见胸腹腔脏器瘀血点，腔内有大量浆液或纤维素性渗出物。子宫肿大，黏膜充血、有化脓性子宫炎和淡黄色纤维素性污秽物。肝脏和肾脏出现瘀血、变性，消化道黏膜水肿。

初步诊断依据临床症状和病理特征，进一步确诊需进行细菌学检查。

预防措施包括加强环境卫生、增强兔群的整体抗病力，避免怀孕母兔与传染源接触。定期使用鼠伤寒沙门杆菌诊断抗原进行兔群检查，阳性兔隔离治疗，兔舍、兔笼和器具彻底消毒，驱除害虫。在疫区，怀孕前和初期的母兔可接种灭活疫苗。

治疗方法包括氯霉素、土霉素的肌肉注射或口服给药。使用 20% 的大蒜汁内服也能取得良好疗效。及时准确的治疗对控制此类疾病和降低死亡率至关重要。

六、葡萄球菌病

葡萄球菌病，由金黄色葡萄球菌引起，是一种在獭兔中常见的多发疾病。这种病主要通过皮肤伤口、消化道、呼吸道等途径感染，特点是在獭兔皮下或各器官形成化脓性炎症。

临床症状包括乳腺炎型（常见于母兔产后的几天内）、急性型（体温升高，乳房肿大，紫红色，灼热疼痛）、脓肿型（皮下或器官化脓）、仔兔肠炎型（仔兔吸吮患乳腺炎母兔乳汁后发病）等。病理变化主要表现为肝脏肿大、坏死灶，胆囊肿大，肺水肿、瘀血，肠黏膜充血出血。

临床诊断可根据症状和病理特征进行初步诊断，必要时进行细菌学检查。细菌学检查中，可从病变部位提取脓汁或心血进行培养，检测金黄色葡萄球菌。

预防措施包括改善饲养环境，转移至无菌兔舍，使用竹条底板兔笼，隔离治疗明显症状的病兔。兔舍内外使用碘制剂喷洒消毒，注射葡萄球菌病灭活疫苗进行预防。

治疗患兔时，首先进行的是药物治疗，其中包括环丙沙星的肌肉注射，剂量为 0.2mL/kg，以及青霉素的肌肉注射，剂量为每只 20 万至 40 万单位，一天两次，连续使用 3 至 5 天。另外，还可以在饲料中添加氧氟沙星等药物。对于患部的处理，需要先进行剪毛和清洁，再使用 5% 的碘酊进行消毒。对于患有乳腺炎的母兔，可以通过青霉素的肌肉注射来治疗，每天两次，每次 10 万单位。在严重情况下，还可以使用 2% 普鲁卡因 2mL 与注射用水 8mL 的混合液，再加入 10 万至 20 万单位的青霉素，进行乳房密封的皮下注射。这种综合治疗方法结合了内部药物治疗和局部处理，旨在有效地控制疾病，并促进兔子的快速恢复。

七、皮肤癣菌病

皮肤癣菌病是一种由须发癣菌和大小孢子霉菌引起的传染性皮肤病，主要表现为脱毛、断毛和皮肤炎症。该病主要影响仔兔和幼兔。感染的兔子眼周围的皮肤会变厚和发炎，伴随着痂皮的增生，脱毛后的样子像是戴着眼镜。在一些兔子的躯干部位，毛发长度不一，形成波浪状。在青年兔和成年兔中，病发初期表现为皮肤肿胀、发红，并出现小水泡。这些水泡很快干燥，形成白色斑点，随后逐渐扩大，融合成厚厚的白色糠麸状皱痂。在严重病例中，这些痂皮会融合成大片，覆盖整个无毛区域，皮肤变得增厚并形成皱褶，类似于丘陵地形。剥离痂皮后，创面会显露鲜红色，伤及肌层。受影响的兔子通常表现出怕冷、缺乏活力，但食欲通常正常。对于哺乳母兔，乳房周围的皮肤可能会形成病灶，表现为局部炎症和脱毛。

皮肤霉菌病的临床诊断依赖实验室检查。确诊这种病通常需要通过显微镜检查病变皮肤的刮屑样本，或者将这些样本在霉菌培养基上进行培养。同时，应当明确区分皮肤霉菌病与兔疥癣和营养性脱毛之间的不同。兔疥癣由疥螨引起，主要影响头部和脚掌的短毛区域，后蔓延至躯干，引起严重的脱毛和瘙痒，而从皮肤深层刮取的样本中可检测到螨虫。与此相对，营养性脱毛通常是由于日粮中缺乏蛋白质、钙和维生素，加上光照不足和湿度过高所致，表现为皮肤正常但毛发断裂，毛根部分保留。

预防措施包括加强饲养管理，注重通风和换气，保持兔子和其生活环境的清洁，并定期进行消毒。一旦发现患病的兔子，应立即进行隔离治疗或淘汰。

治疗方面，可以采用以下药物：在大规模发病时，内服灰黄霉素，按每千克体重每日 25mg 的剂量，连续用药 2 周。另外，还可以使用克霉唑药水或软膏，均匀涂抹在患处，每天 3 至 4 次，直至病情恢复。也可以使用 10% 的水杨酸软膏、2% 的福尔马林软膏，或者 5% 至 10% 的硫酸铜水溶液，涂抹在患处，每天 2 至 3 次，直至痊愈。

第二节　獭兔常见寄生虫病

寄生虫病是由寄生虫寄生在獭兔体表、体内所引起的獭兔病。寄生虫病可使獭兔生产力下降，生长受阻、产品损失，甚至造成死亡。防治寄生虫病对獭兔养殖业是十分重要的。最为常见的獭兔寄生虫病有三种：兔球虫病、兔疥癣病、兔虱。

一、兔球虫病

兔球虫病是一种在獭兔中常见的流行性疾病，尤其在断奶后至12周龄的幼兔中感染严重，经常导致生长受阻、伴发其他疾病，甚至大量死亡。这种病症对温度和湿度非常敏感，全年都可能发生，但在温暖潮湿的雨季尤为流行。在温度经常保持在10℃以上的规模化养兔场中，兔球虫病可能随时发生。所有品种和年龄的兔子都易感，但特别是断奶后至2月龄的幼獭兔感染率最高，可达100%，死亡率也非常高，最高可达80%。即使存活下来，耐过病獭兔的生长发育也会受到严重影响，体重通常减轻11%至26%。

兔球虫病的临床症状通常在6至8月份最为明显，1至3月龄的幼兔最易感染。患病兔子的常见表现包括腹泻（表现为稀薄或黏液性的粪便）、消瘦、被毛粗乱、生长迟缓、结膜苍白、眼鼻分泌物增多、食欲缺乏、行动迟缓、频繁排尿、腹胀和臌气，死亡率较高。根据寄生部位的不同，兔球虫病可以分为肝型、肠型和混合型三种类型。肝型通常为慢性，表现为黄疸、腹泻与便秘交替、腹部增大或下垂、肝区触痛、神经功能障碍和极度衰竭。肠型则多呈急性，表现为突然倒地、四肢痉挛、头后仰、后肢划动、发出惨叫，甚至迅速死亡，慢性时则表现为顽固性腹泻。混合型兼有肝型和肠型的症状，以消瘦、腹泻、黄疸、多尿、腹部膨胀为主要特征。

兔球虫病特别是在断奶后至12周龄的幼兔中表现严重，常伴有其他疾病并导致生长受阻和高死亡率。球虫病的发生受温度和湿度影响显著，尽管该病全年都可能发生，但在温暖潮湿的雨季尤其流行。规模化养兔场在温度经常保持10℃以上时，球虫病更易发生。所有年龄和品种的兔子都易感，但特别是断奶后至2月龄的幼獭兔最为脆弱，感染率高达100%，死亡率可达80%。即使存活的病兔，其生长发育也会受到严重影响。

病理变化方面，肝球虫病的兔子在剖检时可见肝脏肿大，表面有黄白色小结节，内含大量卵囊。肠球虫病主要影响肠道，表现为肠壁血管充血、肠黏膜充血或出血，十二指肠扩张和肥厚。混合型球虫病则结合了肝型和肠型的特征。

在临床诊断上，结合流行情况、临床症状、病理剖检和实验室检查，可以确诊为球虫病。防治措施包括保持清洁卫生，定期消毒场地和设备，预防饲料和水的粪便污染，特别注意种兔的粪便检查，并将病兔及时隔离。补充维生素K有助于降低死亡率，并加速康复。防止抗药性的产生，应计划性地交替或联合使用多种抗球虫药。

治疗措施包括隔离病兔，使用磺胺二甲基嘧啶和水溶性复合维生素粉，对脱水病例采用5%糖盐水腹腔注射。氯胍、呋喃唑酮、硝苯酰胺和敌菌净等药物用于治疗和预防，具体使用方法和剂量应根据具体情况调整。

二、兔疥癣病

獭兔疥癣病，由疥螨和痒螨引起，是一种高度接触性传染的体外寄生虫病，对养兔业构成严重威胁。这种病症以剧烈的瘙痒为主要特征，尤其在进入温暖场所或活动后，病兔的皮温上升，瘙痒感加剧。感染痒螨的兔子在病初阶段通常表现为耳根附近的红肿和脱皮，有时伴有渗出液，干燥后形成黄色痂皮，导致耳道堵塞。病兔表现为耳朵下垂，不断摇头并用爪子搔抓耳朵，严重时可能扩散至头部，引起癫痫狂症等严重症状。感染疥螨的兔子则从嘴鼻周围和爪部开始发病，逐渐蔓延至脸部其他区域，表现为灰白色痂皮，严重时影响采食并迅速消瘦，最终导致死亡。

疥癣病的病理变化主要发生在皮肤，表现为脱毛、丘疹或水疱，逐渐形成灰白色痂皮，随着病情发展，患部皮肤会逐渐增厚，失去弹性，形成皱褶。

临床诊断通常基于病兔的症状和体征，如被毛脱落、皮肤红肿、糠麸状痂皮的形成、常见身体摩擦和爪子抓挠行为，特别是耳朵内侧的红肿、外耳道发炎、渗出物干燥后形成卷纸状痂皮。病兔通常表现出消瘦、贫血、被毛无光泽和精神萎靡。通过用外科手术刀刮取患部皮肤样本，放在黑色纸上在太阳光下用放大镜观察是否有螨虫，确诊为兔螨病。

在预防和治疗兔疥癣病方面，关键在于定期检查和经常性的消毒。为此，每年应对兔群进行全面检查，一旦发现可疑病兔，立即进行隔离并采取相应措施。为防止疾病传播，不应从已有疥癣病病例的兔场引进种兔。新引进的种兔需在进场后进行至少三周的观察，确认无病状后才可与其他兔群混养。兔舍的环境应保持干燥、通风良好且有足够的阳光，定期进行消毒。

治疗措施包括使用 2% 至 2.5% 的美曲磷酯酒精溶液涂擦患处，持续 7 至 10 天。肌肉注射虫克星或灭虫丁，剂量为每千克体重 0.2mL，或口服虫克星粉剂，每千克体重 0.2mg。对整个兔群进行阿维菌素拌料喂食作为预防性治疗，按照每千克体重 0.04 至 0.05mg 的阿维菌素剂量进行投药。首次拌料喂食连续 2 天，每天一次，隔 5 天后再进行为期 2 天的拌料喂食，每天一次，这样的治疗方案通常效果明显。

三、兔虱

兔虱是一种寄生在兔皮肤外表的寄生虫，它主要通过接触传播，并且在阴暗、潮湿、不洁的环境中容易繁殖。兔虱对獭兔的皮毛质量产生不良影响，成为影响獭兔皮毛质量的主要疫病。临床上，兔虱通过咬噬兔子的皮肤并分泌有毒唾液来刺激皮肤神经末梢，引起瘙痒。兔子因此会用嘴啃咬或用前爪抓挠患处，导致皮肤损伤、出血、结痂，易导致脱毛、脱皮、皮肤增厚和炎症等。检查兔子患部的被毛和皮肤表面，可以找到小黑色的虱和淡黄色的虱卵。严重的兔虱感染可能导致兔子食欲不振、消瘦和抵抗力减弱。

兔虱的病理变化主要表现在皮肤上，生理上变化不大。诊断兔虱相对容易，只需寻找兔子体表的虱或虱卵即可确诊。预防兔虱的措施包括保持兔舍的清洁、卫生、干燥和通风。定期检查兔子的体表，以便早发现、早隔离和早治疗。笼舍应定期用 2% 的美曲磷酯溶液消毒，或放置苦楝树叶以驱逐兔虱。治疗方案包括使用阿维菌素或伊维菌素系列产品，按有效成分 0.2 至 0.4mg/ 千克体重，口服或皮下注射。另外，还可以使用中药百部根煮水涂擦，或用 2% 的美曲磷酯溶液喷洒兔体，也可以将 5% 的滴滴涕粉剂涂抹在患兔的被毛上。

第三节 獭兔常见其他病

獭兔的常见病有便秘、积食、腹泻、中暑、母兔产后瘫痪、吞食仔兔癖、感冒和繁殖障碍症等八种。

一、便秘

便秘是兔子一种常见的内科疾病，引起兔子便秘的主要原因包括不当的粗饲料和精饲料搭配、缺乏新鲜青饲料或长期喂食干燥饲料以及饮水量不足。饲料中的泥沙、被毛等异物也可能导致兔子形成大的粪便块而引发便秘。运动不足和排便习惯的混乱，以及一些排便带痛性的疾病（如肛窦炎、肛门炎）或排便姿势异常的疾病（如骨盆骨折、髋关节脱臼）也是引起兔子便秘的常见原因。

兔子便秘的临床症状包括食欲减退或完全消失、肠鸣音减弱或消失、精神不振、不愿活动、初期排出的粪球小而坚硬、排便次数减少、排便间隔时间延长、腹胀等腹部不适的表现。兔子的口舌可能干燥，结膜潮红，食欲废绝，体温一般不会升高。

剖检时，会发现肠道内积聚了干硬的粪球，肠道前部积气。临床诊断依据触摸腹部时的疼痛感和直肠内的干硬粪块。

为预防兔子便秘，应注意合理搭配粗饲料和精饲料，定时定量喂食，避免饥饿和暴饮暴食。经常提供清洁的饮水，确保充足的运动，保持兔笼的清洁，及时清除被毛等杂物，保持适当的运动以促进胃肠蠕动。

治疗兔子便秘的方法有以下几种，旨在疏通肠道并促进排便。首先，可以让患病的兔子暂时禁食一至两天，同时保证频繁饮水。轻轻按摩兔子的腹部不仅可以软化粪便，还能促进肠蠕动，加快粪便排出。接着，可以使用温皂水或2%碳酸氢钠溶液进行灌肠，这同样有助于软化粪便和加速排便。另一种方法是使用多酶片（2至4片研成粉末）加入蜂蜜和水混合后灌服，每天两次，连续使用两到三天。此外，可以使用10%鱼石脂溶液、5%乳酸液、芒硝、大黄、枳实等中药煎汁来辅助治疗。开塞露也是一种有效的治疗方法，将其插入兔子肛门约4cm深，同时口服大黄苏打片和补液盐水，每天一次，连续两天。使用菜油或花生油混合蜂蜜和水涂抹在肛门处，也是促进兔子排便的一种方法。对于病重的兔子，还应进行强心和补液治疗，以增强其体质和抵抗力。治疗期间，应加强护理，喂食多汁且易于消化的饲料，逐渐增加食量，以帮助兔子恢复健康。需要注意的是，孕兔不宜使用某些药物，如含大黄的配方。

二、积食

积食病，俗称"肚胀"，是家兔中一种常见疾病，主要影响2至6月龄的兔子。这种病症通常在兔子采食后2到4小时内显现。其临床症状包括食欲缺失、胃肠胀气、腹部膨胀伴随鼓音，并伴有流口水、伏卧不安，出现便秘或异味排便等情况。病情加重时，兔子会出现急促呼吸、呼吸困难，并发出凄惨的嘶叫声。如果不及时治疗，严重时兔子会因胃肠胀破而死亡。

预防措施包括适量喂食精料，避免生冷饲料，饼类饲料需粉碎并用温水泡透，防止在獭兔胃内膨胀造成肚胀。避免喂食露水草、披霜草和霉变饲料。饲养应定时定量，避免饥饿或暴饮暴食，并确保饲料改变逐渐过渡。在冬季，兔舍应保持温暖，避免喂食低温饲料，可在饲料中添加少量蒜末、姜末等提高抗寒能力，并清理兔舍内的冰雪。保持兔舍卫生，预防饲料污染和采食不洁净的软粪也是降低积食病发病的关键。

治疗措施分为几个阶段。初发病时，针对胃内发酵产气，可以通过灌服十滴水、蒜末醋液、大黄苏打片、干酵母或二甲硅油来实现。积食中期，需要帮助病兔排出胃气，可使用萝卜汁或花椒籽水灌服。积食后期，可以通过人工方式，使用注射器从肠管缓慢抽出气体来缓解病症。

三、腹泻

兔腹泻是家兔中一年四季都可能出现的常见病症，尤其在断奶前后的幼兔中发病率较高，如果治疗不当，甚至会导致死亡。这种疾病在潮湿的夏秋季节尤为常见。兔腹泻的主要症状包括粪便不成形、稀软，可能呈粥状或水样。消化不良性腹泻会导致粪便有异味、排泄次数增多，病兔表现出无精打采、食欲减退和腹部膨胀。兔发生胃肠型腹泻通常是由于食用了腐烂变质的饲料，表现为食欲丧失、精神沉郁、粪便稀如水且含有气泡和黏液，严重时可致死。

预防措施包括加强饲养管理，避免喂食霉变或腐败的饲料和草料。保持兔舍清洁、干燥、温度适宜和通风良好，料槽和水槽应定期清洗消毒。饮水要保持卫生，垫草需要频繁更换。断奶幼兔的饲喂应定时定量，防止其暴饮暴食，进行饲料更换时应逐步进行。

治疗方法多样，一旦发现病兔，应暂停喂食，但继续供水。对体质较好的病兔，可以使用如人工盐或植物油等具有轻泻药作用的可用药食品，间隔一定时间后再给予酵母片或乳酶生。严重腹泻时，可以使用抗菌药物，如诺氟沙星、磺胺脒或敌菌净。庆大霉素、卡那霉素等广谱抗生素也可以通过肌肉注射使用。食欲缺乏的兔子可以灌服健胃剂，如大蒜酊、龙胆酊或陈皮酊。此外，还可以对兔子进行静脉注射葡萄糖盐水、

5% 葡萄糖液或 20% 安钠咖注射液和维生素 C。对于病情较轻的兔子，可以在饲料中添加少量木炭末，或在饮水中加入 1% 硫酸铜进行治疗。

四、中暑

兔中暑，也称为日射病或热射病，是由于烈日曝晒或潮湿闷热环境导致的急性疾病，影响所有年龄段的兔子。这种病症的主要特征是体温升高、循环衰竭和神经症状的出现。患病的兔子表现为精神不振、拒食、体温升高，摸起来全身灼热，四肢无力，步态不稳。有时会表现出高度兴奋和盲目奔跑，呼吸加快且浅表黏膜潮红发绀。严重时，兔子会卧倒不起，四肢痉挛，甚至死亡。

为预防兔中暑，夏天的兔舍需保持通风凉爽，可以用冷水喷洒地面降温。露天兔舍应搭设凉棚以避免阳光直射。兔笼应宽敞，防止兔子过于拥挤。还需要确保提供充足的饮水，并在水槽中加入 1% 至 2% 的食盐来促进食欲和补充盐分。饲料应多样化，以青饲料为主、精饲料为辅，并拌入苦蒿水或大蒜水以开胃消热，同时起到消毒杀菌的作用。

治疗措施包括立即将病兔移至阴凉处，用冷水湿润的毛巾或布片敷在身上，每 4 至 5 分钟更换一次，或将其浸入冷水中直至体温恢复正常。耳静脉放血也是一种方法，并内服十滴水或仁丹。确保兔舍在炎热季节保持通风凉爽，使用喷水降温，避免过于拥挤，并供应足够的饮水。防止强烈日光直射以预防中暑。对于昏倒的病兔，可以使用大蒜汁、韭菜汁或姜汁滴鼻，这些方法疗效显著。此外，还可以注射 20% 的甘露醇或 2.5% 盐酸氯丙嗪注射液。

五、母兔产后瘫痪

母兔产后瘫痪通常是因为长期单一饲料喂养导致钙磷比例失衡引起的。尤其在母兔哺乳期间，由于高量泌乳，大量钙质随乳液流失，导致血液中钙浓度降低，从而触发这一病症。

临床症状表现为食欲减退甚至完全丧失，伴有轻度不安。一些兔子还会出现神经兴奋性症状，如头部和四肢痉挛，无法保持身体平衡。随着病情的加重，兔子的后肢开始瘫痪，无法站立，甚至四肢麻痹，瘫卧在兔笼内。

为预防这种病症，应确保日粮合理搭配，避免饲料品种单一。建议长期在兔子饲料中添加 2% 至 3% 的骨粉或 1% 至 1.5% 的贝壳粉，以防止钙和磷的缺乏。

治疗方法包括静脉注射 10% 葡萄糖酸钙 5 至 10mL，每日一次，连续使用两天。此外，还可以肌肉注射维丁胶钙注射液，每次 2 至 4mL，每日一次，连续使用三天。另一种治疗方案是静脉注射 50% 葡萄糖 20mL，加上维生素 C 注射液 2mL 和维生素 B_1 注射液 2mL，每日一次。

六、吞食仔兔癖

母兔吞食仔兔，也称为异食癖，是指母兔吃掉刚出生或出生不久的仔兔，这种行为在母兔生产中比较常见，给养兔户带来了不必要的损失。这种行为的发生由多种因素引起，包括饲料中钙磷不足、蛋白质和维生素缺乏；哺乳期饮水不足，缺乏钠盐；母兔产仔后口渴；分娩时受到惊吓或寒冷的刺激导致母兔神经机能紊乱；产仔箱的垫草有异味；或箱中仔兔中混有死兔。

为防治这种现象，应在母兔怀孕期间加强饲养管理，确保蛋白质、矿物质和维生素等营养充足。最好喂养全价配合饲料，并补充多汁的青绿饲料。同时，要提供充足的饮水，可以在水中加入 1% 的食盐，或口服补液盐，以保持怀孕母兔体内的钠氯平衡。产仔箱在分娩前要整理干净，垫上无异味的软草等。分娩时要保持环境安静，避免惊扰母兔。母兔分娩前应准备淡盐水，分娩后让其自行饮用。产仔完毕后要及时检查仔兔数量，清理死胎，防止母兔吞食。

七、感冒

兔感冒通常由受凉引起，常见于天气骤变、温差大、兔舍湿度高、冷风侵袭、运输途中淋雨或者兔舍内有害气体（如氨气和灰尘）超标等情况。临床症状包括病兔精神沉郁，不愿活动，眼睛半闭，食欲减退或完全丧失。鼻腔内流出大量水样黏液，伴有打喷嚏、咳嗽、鼻尖发红等症状。呼气时，鼻孔内可能有肥皂状黏液。病情加重后会出现四肢无力、体温升高至40℃以上、皮温不均匀、四肢末端及鼻耳发凉，表现出怕寒和战栗。结膜潮红，有时怕光并流泪。若不及时治疗，鼻黏膜可能发展成化脓性炎症，鼻液变浓稠并呈黄色，呼吸困难，甚至可能发展为气管炎或肺炎。

防治措施应包括加强饲养管理，确保提供充足的饲料和饮水，保持兔子良好的体况以增强抵抗力。兔舍需保持干燥、清洁、卫生并通风良好，定期清理粪便以减少不良气体刺激，同时避免过堂风的侵袭。在寒冷或气温骤变的天气时要做好防寒保暖工作，夏季也要注意防暑降温。运输时要防止淋雨受寒，阴雨天气避免剪毛或药浴。

治疗方面，可以使用20%磺胺嘧啶钠，每只兔每天2mL，肌肉注射，每日两次，连续使用2至3天。为预防继发感染肺炎，可以使用抗生素或磺胺类药物，如每只兔肌肉注射青霉素20万至40万国际单位。除此之外，也可使用中药治疗方法取七叶莲、金银花、紫花地丁各15g，共同切碎煎水取汁，待温后灌服，连续服用1至2剂。

八、母兔繁殖障碍症

母兔繁殖障碍症是一个复杂的问题，涉及多种因素，对养兔产业，尤其是皮兔和肉兔的经济效益产生重大影响。这一症状多是由营养不均衡、生殖系统疾病、疾病感染、不适宜的气候条件、毒素暴露以及激素滥用等多种原因引起。例如，饲料的营养成分搭配不当可能导致种兔体况过胖或过瘦，影响其生殖激素的正常分泌。原发性问题如卵巢囊肿或脑垂体机能不全会干扰正常的生殖过程。疾病如沙门杆菌病和螺旋体病可能导致死胎或流产，同时环境因素如温度过高或过低也会影响种兔的繁殖能力。毒素的摄入，如饲料霉变或药物中毒，会导致流产或产生畸形胎。人工授精过程中滥用激素会引起兔子的内分泌紊乱和繁殖障碍。因此，在养兔生产中，综合的预防和控制措施至关重要，对于那些治疗无效或失去价值的种兔，应及时淘汰，以维护整个养兔场的健康和经济效益。

在母兔繁殖障碍症的预防与治疗方面，一系列综合性的措施需要被实施。首先，科学配制饲料是关键，需要根据獭兔的营养需求合理搭配全价饲料，特别注意添加色氨酸、各种维生素、铁、锌等微量元素。针对体况过胖或过瘦的情况，调整喂养策略，如减少喂量、增加运动或提高蛋白质和能量的摄入量，同时确保不喂食发霉的饲料，供应清洁的饮水。针对原发性因素，如卵巢机能不全，可以采取注射促卵泡素或人绒毛膜促性腺激素等措施，同时加强饲养管理，以提高繁殖效果。对于公兔性欲缺乏的情况，可以考虑对其注射丙酸睾酮。种兔舍的建设也至关重要，应确保良好的环境条件，如充足的光照、干燥、良好的空气流通和足够的运动空间，同时要避免周围的干扰。在寒冷季节注意保暖防冻，高温季节则需防暑降温。配种时间应选择在温度适宜的时段进行，如冬季的中午和夏季的早晚。

在疾病治疗方面，对患有子宫炎的兔子可以通过中草药治疗，如将益母草、金银花、野菊花等混合成粉末，加入饲料中连续喂食。治疗卵巢囊肿也可以采用类似的中草药配方。为了提高公兔的精液品质，可以在饲料中添加维生素E，并进行丙酸睾酮的肌肉注射，以提高其繁殖效果。

第四节　獭兔疾病的综合防治

一、獭兔疾病的综合防治措施

疾病对獭兔养殖业的发展构成了严重威胁，据估计，中国每年有超过 20% 的獭兔死于各种疾病。传染病的暴发尤其危险，一旦爆发会迅速导致大量獭兔死亡，给养殖户带来巨大的经济损失。尽管许多疾病可以通过治疗得到康复，但它们依然会影响后续獭兔的健康、生长发育，以及产品的质量和数量，同时会增加生产成本。预防和控制疾病是确保獭兔养殖顺利进行和提高生产效率的关键。采取"防患于未然"的策略对于獭兔养殖尤为重要。某些疾病，如兔瘟，只能靠预防，一旦发病，治疗起来非常困难。对于一些治疗成本高而效果不明显的疾病，扑杀是防止病情扩散的最有效方法。

（一）重视场址选择，合理规划建设

当开设獭兔养殖场时，首先要考虑的是选择合适的位置、确定养殖方法和确保养殖的质量。这包括场地选择、场内布局和兔舍的建设等关键方面。养殖獭兔时，应根据它们的习性和生理需求，结合当地的气候和环境条件。其次，还需考虑计划养殖的獭兔品种和数量、饲养模式、生产规模以及投资预算。基于这些因素，选择并设计一个健康、高效、符合卫生标准、易于管理、能有效防控疾病、科学实用且经济耐用的兔舍是至关重要的。

（二）引进优良品种，科学饲养管理

在獭兔养殖中，选择优质品种和实施科学管理是至关重要的。选择合适的獭兔品种是成功养殖的关键，这直接影响到养殖的成败和盈利。

獭兔有许多不同的品系和色型，各有其优缺点。在引进獭兔时，应仔细比较和权衡各种因素，既要考虑其生产性能、适应性、抗病能力，又要考虑自身的饲养条件和管理水平。切忌贪图便宜而购买劣质或有病的獭兔。

饲养管理的质量对獭兔生产的影响巨大。提供优质、营养均衡的饲料，以及创造一个舒适、清洁、安静的养殖环境，是保障獭兔健康、预防疾病的关键。不当的饲养管理不仅会浪费饲料，还会影响獭兔的生长发育和免疫力，甚至导致品种退化。优秀的饲养管理对于提高生产效益、发挥獭兔潜力至关重要。必须严格遵守獭兔养殖的基本原则和方法，认真做好每个环节，以确保兔群健康、产品优质、产量高效。实践表明，科学的饲养管理是保证獭兔养殖成功的关键。

（三）严禁从疫区和发病兔场引种购物，引进种兔时要检疫

为确保养殖场不受疫病影响，绝对不能从有獭兔传染病或其他可能感染獭兔的家禽家畜疫区购买种兔、饲料和用具。购买种兔时，应采取谨慎的态度，避免随意购买。从外地引进的种兔必须在距离生产区较远的地方进行至少一个月的隔离饲养。在隔离期间，兽医应对种兔进行全面检查，特别是对兔瘟、产气荚膜梭菌病、密螺旋体病和球虫病等重要疾病的检测。只有确认种兔健康无病，并经过驱虫、消毒和补充疫苗后，才能将其引入生产区与其他兔群混合饲养。这样的措施有助于防止疫病在养殖场内的传播。

（四）进入场区要消毒

在獭兔养殖场，特别是在生产区的入口处和不同兔舍之间，应设置消毒池或紫外线消毒设施，以存放和使用消毒液。消毒液的浓度需要定期检查和维护，以确保其有效性。任何进入养殖场的人员和车辆都必须经过消毒处理。兔场工作人员在进入生产区之前，应更换工作服装、鞋和帽，并进行彻底的消毒。离开时，需要更换回原先的衣物。在兔场内，

工作人员应避免在不同岗位或兔舍间随意走动，并经常用消毒液洗手。非饲养人员未获许可不得进入兔舍，以保持兔舍的卫生和安全。

（五）场内谢绝参观，禁止其他闲杂人员和有害动物等进入场区

獭兔养殖场通常不对外开放参观。如果由于特殊原因需要进入养殖区，参观者或检查人员必须遵守养殖场的所有消毒规程，就像场内工作人员一样。禁止将外部车辆和工具带入生产区。獭兔的销售应在养殖场外进行，一旦调出的獭兔不得再次送回兔舍。种兔不对外提供配种服务，且不允许将来源不明的獭兔带入生产区。同时，兔场内禁止饲养其他家禽家畜，以防止它们进入生产区。养殖场应实行工具的固定使用制度，避免随意取用。另外，患有结核病的人员不能在獭兔养殖场工作，以确保养殖环境的安全和卫生。

图 11-1　獭兔养殖场门口的消毒池

（六）搞好兔场环境卫生，定期清洁消毒

为维护良好的养殖环境，兔笼、兔舍及其周边区域需要每天清洁，确保环境保持干净和干燥。兔舍内的温度、湿度和光照需要适宜，空气应保持清新，无异味。食槽、饮水器和其他器具也需要每日清洗，以保持其清洁，并每3至5天进行一次消毒。每周至少更换或清洗并消毒一次兔笼的壁或底部。兔笼、产仔箱、工作服和其他用具也应定期进行清洗和消毒。

在獭兔分娩和转群前，兔舍和兔笼需要进行彻底消毒。兔舍应每1至2个月彻底清洁消毒一次，整个养殖场每半年至一年进行一次大扫除和消毒。清理出的粪便、废物等应集中处理，远离兔舍，通过焚烧、喷洒化学药物、掩埋或生物发酵等方法进行消毒处理。这些措施有助于保持兔舍环境的卫生，预防疾病的发生。

（七）杀虫灭鼠，消灭传染媒介

为防止疾病传播，必须有效地控制和消除蚊子、苍蝇、虻、跳蚤、老鼠和蟑螂等常见害虫和媒介。这些生物常常是病原体的携带者和传播者。为此，应结合日常清洁和消毒工作，彻底清除兔舍内外的杂物、垃圾和杂草堆积，填平死水坑，以剥夺老鼠等害虫的藏身和繁殖场所，同时阻止蚊子和苍蝇的滋生。可以使用美曲磷酯、敌敌畏、灭蚊净、灭害灵等杀虫剂进行喷洒处理。鉴于老鼠在兔场的普遍存在，从兔场的设计和建设阶段开始就应考虑采取防鼠措施，以阻止它们进入兔舍和仓库等关键区域。

（八）按免疫程序进行预防接种，有效控制疫病发生

预防接种，或称免疫注射，是一种通过激发兔体产生特异性免疫力来防范传染病的方法。这种方法通常涉及使用病毒疫苗、细菌菌苗、类毒素等生物制品作为抗原，以促使动物体产生抗体并获得免疫力。接种疫苗后，通常会在几天到大约10天内产生有效抗体，能够提供数月至一年的免疫保护。

为了有效使用疫苗并控制传染病的发生和传播，各兔场应根据当地传染病的流行情况、不同年龄兔对病原体的易感性、疫苗的免疫特性及兔场的实际情况，制订年度预防计划和合理的免疫程序。这包括选择适当的接种方式，如皮下、肌内或皮内注射，并确保在传染病流行季节之前认真实施预防接种计划。通过这些措施，可以有效预防和控制疫病在兔场中的发生。免疫接种主要分为两类：预防接种和紧急接种。

（1）预防接种。这是对健康獭兔定期、有计划地进行的免疫接种，作为预防和控制传染病的关键措施之一。通常通过皮下或肌肉注射进行，接种后在数天至数周内产生免疫力，这种免疫力可以持续数月至一年。为确保接种效果，需要特别注意疫苗的质量（包括有效期和保存条件）以及免疫程序和方法。

（2）紧急接种。这是在传染病暴发时进行的应急性免疫接种，目的是迅速控制疫情的蔓延。紧急接种主要针对那些位于威胁区但尚未发病的獭兔，以减少疾病的传播和影响。

（九）加强饲料质量检查，注意饲料饮水卫生

确保獭兔饲养的高质量和健康，关键在于严格监控饲料质量和水源卫生。遵循饲养管理的基本原则和标准，要定期检查饲料的质量和卫生状态，坚决避免使用发霉、腐败、变质、冻坏或含有毒素的饲料，并确保提供的饮水清洁且无污染。

在饲养过程中，应根据獭兔的不同生理阶段和生产目标，精确配比营养饲料，满足它们对各类营养成分的需求。这通常涉及使用多种饲草和饲料，并进行合理搭配，以确保獭兔的健康和高效生产。

（十）坚持自繁自养培养健康兔群

为了建立健康且高效益的兔群，养兔场或养兔户应采取自繁自养的方法，即选择具有较强抗病能力和良好生产性能的獭兔作为父母代，以其优良的后代作为种兔。这种方法不仅有助于降低养殖成本，还能防止通过购买兔子而引入疫病。

在自繁自养过程中，需要特别注意避免近亲繁殖和品种退化。为此，可以考虑采用人工授精等先进的繁殖技术。同时，每个兔场都应致力于创造有利条件，结合选育工作，建立一定数量的核心健康兔群，用于繁殖。

核心兔群的公母兔从幼年时期起就应定期进行检疫和驱虫，及时淘汰患病或带有病菌、毒素、寄生虫的兔子，以维持其相对健康无病的状态。同时，还需加强卫生和防疫工作，确保整个兔群的安全与健康。

（十一）发现疾病及时诊治或扑灭

在养兔生产中，饲养管理人员要和兽医人员密切配合，结合日常饲养管理工作，注意观察獭兔的行为变化并进行必要的检查，一旦发现异常，要及早查明原因，并应与兽医配合对患病兔子进行诊治，根据情况采取相应措施，以减少不必要的损失或将损失降至最低。

二、獭兔疾病的药物预防和驱虫

獭兔疾病的药物预防和驱虫是养殖管理中的重要环节。

（一）药物预防

根据不同地区和兔群的特点，针对常见疾病有目的地使用化学药物或中草药，通过将药物添加到兔子的饲料或饮水中，或直接喂服，进行疾病的预防和早期治疗。例如，使用复方磺胺甲唑、长效磺胺或土霉素等药物可以预防乳腺炎等病症；庆大霉素可预防沙门氏菌病和大肠杆菌病；氯胍或球痢灵能有效预防球虫病。使用葱、蒜、蒲公英、败酱草等天然草药也可预防多种疾病。然而，需注意长期使用某些药物可能导致病原体产生耐药性，影响治疗效果，因此应定期进行药敏试验，合理使用药物，并避免在兔子出栏前长期使用药物造成药物残留。

（二）驱虫

为控制寄生虫病，应根据兔群和地区的寄生虫种类及其流行特点，制定综合防治措施。定期、适时驱虫，特别是在春秋两季，是有效的防治方法。使用如阿苯达唑等广谱驱虫剂可有效驱除多种内寄生虫。对于特别容易发生的疾病，如球虫病，尤其需在潮湿季节加强预防。而对于难以治疗的兔螨病，定期检查和早期使用伊维菌素注射治疗效果较好。

选择驱虫药物时，应考虑其使用的便利性，以节约人力和物力。

三、獭兔喂药方法

内服给药是最常用的一种给药方法。优点是操作比较简便，适用于多种药物的给药；缺点是药物受胃肠道内容物影响较大，药效产生的速度较慢，吸收不完全、不充分。

（一）经口给药

在獭兔饲养中，通过口服方式给药是一种常见的方法，分为以下几种：

（1）混合饲料给药。对于口感好、毒性较低的药物，可以混入饲料中，让獭兔自主食用。这种方法适用于对整个兔群进行预防或治疗。对于毒性较高的药物，考虑到个体间的差异，服用量难以精确控制，应先进行小规模的试验，以确保安全。

（2）直接口服给药。使用开口器打开獭兔的口腔，将药物放置在舌根部，让獭兔咽下。这种方法可以确保药物直接进入獭兔体内，见图11-2。

（3）饮水给药。将药物溶解在水中，让獭兔自由饮用。这种方法通常用于疾病的预防。如果药物具有腐蚀性，应使用陶瓷或搪瓷器皿，避免使用金属饮水器。

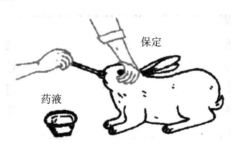

图 11-2 獭兔口服给药法

（二）注射给药

在獭兔养殖中，注射给药是一种效果快且吸收全面的方法，尽管对注射液的要求较为严格。常见的注射方法有以下几种：

1. 皮下注射

常选用獭兔的颈背部、腹部中线两侧或腹股沟附近作为注射部位。首先进行剪毛和消毒，然后用一手的拇指和食指提起皮肤，另一手将针头刺入提起的皮下约1.5cm。注射时，针头应避免垂直刺入，以防刺入腹腔（图10-3）。

图 11-3　獭兔皮下注射给药

2. 肌肉注射

选取獭兔颈侧或大腿外侧的肌肉丰满、无大血管和神经的部位。在局部剪毛消毒后，一手固定皮肤，另一手垂直刺入针头，深度视肌肉厚度而定，但不应将针头完全刺入。轻轻抽回注射器，如无血迹流出，便可注入药物。注射完成后进行局部消毒。对于超过10mL的药物，应分多点注射。獭兔静脉和肌肉注射给药如图11-4所示。

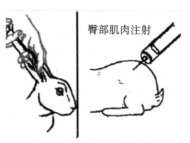

臀部肌肉注射

图 11-4　獭兔静脉和肌内注射给药

3. 静脉注射

通常选择獭兔两耳外缘的耳静脉作为注射部位。注射前，助手需固定獭兔，剪去或拔除其局部耳毛，并用酒精消毒皮肤后注射大量药物。在低温环境下，应将药物加温至约37℃。注射时，一手固定耳朵，另一手将针头平行刺入耳静脉内。轻轻抽回注射器检查是否有血迹回流，确认正确进入静脉后再慢慢注入。若发现耳壳皮下出现小泡或注射有阻力，表明未进入血管，需重新操作。注射完成后，立即用酒精棉按压注射部位，以防止血液外流。

（三）外用

在獭兔养殖中，外用药物主要用于处理体表问题，如消毒和驱除寄生虫。常用的外用方法包括。

（1）洗涤：使用适当浓度的药物溶液清洗獭兔的局部皮肤，或鼻子、眼睛、口腔和创伤等特定部位。这种方法有助于清洁这些区域，防止感染。

（2）涂擦：使用药物制成的软膏或其他适宜的剂型，直接涂抹于獭兔的皮肤或黏膜表面。这种方法适用于处理特定的皮肤问题或寄生虫感染。

四、獭兔养殖场舍常用消毒药的配制及应用

在獭兔养殖过程中，定期对圈舍、用具、车辆、粪便等进行消毒是防止疫病的关键措施。理想的消毒剂应具备良好的杀菌性能、对兔无毒害、稳定且安全使用等特点。但由于消毒药通常具有一定的毒性或腐蚀性，因此必须严格掌握药物的配制和使用方法。常用消毒剂及其配制和应用方法包括以下几种。

（1）漂白粉：一般配成10%～20%的混悬液，适用于兔舍、食槽、运输车辆和排泄场的消毒，但不适合金属和纺织品。每100kg水加漂白粉 0.7g，半小时后即可使用。

（2）石灰水：10%～20% 的石灰乳，即 1kg 生石灰加水煮沸后再加水稀释，适用于兔舍、用具、车辆、粪便消毒。添加 1%～2% 的碱水可提高效果。

（3）百毒杀：0.03% 的溶液用于兔舍和环境消毒，0.01% 的溶液用于兔饮水消毒。

（4）高锰酸钾：0.01% 的溶液适用于饮水消毒，0.1% 的溶液用于皮肤和黏膜冲洗，2%～5% 的溶液用于芽孢杀灭。兔舍熏蒸消毒时，每立方米空间使用 40mL 福尔马林混合 10g 高锰酸钾。

（5）新苯扎氯铵：0.05%～0.10% 的溶液用于兔舍和人员手部消毒，0.1% 的溶液用于皮肤、黏膜和手术器械消毒，0.15%～2% 的溶液用于空间喷雾。

（6）过氧乙酸：0.5% 的溶液用于环境和用具消毒，0.3% 的溶液用于兔舍消毒。室内熏蒸时，使用 20% 溶液 5～15mL/ 立方米。

（7）甲酚皂溶液：0.5% 的溶液用于兔舍和环境消毒，0.01% 的溶液用于饮水消毒。

（8）氢氧化钠：2% 的溶液用于病毒性和细菌性感染消毒，5% 的溶液用于炭疽消毒。

（9）福尔马林：5%～10% 的溶液用于兔舍和用具消毒。熏蒸时，14mL/m³ 福尔马林与 14mL 水混合，加热蒸发或与高锰酸钾结合。

使用消毒药时需注意以下几点。

（1）控制适宜的配制浓度，避免过高导致中毒或过低影响消毒效果。

（2）考虑作用时间，消毒时间应足够长以确保效果。

（3）注意消毒药的配伍禁忌，避免化学反应降低消毒能力。

（4）清除有机物和盐类残留，避免生成沉淀降低消毒效果。

（5）考虑温度影响，尤其是氯或碘类消毒药在高温下效果会减弱。

通过以上措施，可以有效保持兔舍环境的卫生，预防疫病的发生。

五、獭兔的免疫

（一）獭兔生产中的常用疫苗

獭兔生产中的常用疫苗如表 11-1 所示。

表11-1　獭兔生产中的常用疫苗

疫苗名称	预防的疾病	使用方法	免疫期	保存期
兔瘟灭活疫苗	兔瘟	断奶后的仔兔皮下注射1mL，每兔每年注射2次	6个月	1年(2～8℃、阴暗处)
兔瘟蜂胶灭活疫苗	兔瘟	断奶后的仔兔皮下注射1mL，每兔每年注射2次	6个月	1年(2～8℃、阴暗处)
兔多杀性巴氏杆菌病灭活疫苗	巴氏杆菌病	30日龄以上的母兔皮下注射1mL，每兔每年注射2次	6个月	1年（2～15℃、阴暗处）
兔波氏杆菌病灭活疫苗	波氏杆菌病	母兔配种时注射，仔兔断奶前1周皮下注射1mL，1周后加强免疫皮下注射2mL，以后每兔每年注射2次	6个月	1年（2～15℃、阴暗处）
产气荚膜梭菌病灭活苗	产气荚膜梭菌性肠炎	30日龄以上的母兔皮下注射1mL，每兔每年注射2次	6个月	1年(2～8℃、阴暗处)
兔巴、波二联苗	巴氏杆菌、波氏杆菌	～3月龄的幼兔0.5mL，成年兔1mL，皮下或者肌肉注射，每兔每年注射2次	6个月	1年（2℃～15℃、阴暗处）

疫苗名称	预防的疾病	使用方法	免疫期	保存期
兔葡萄球菌病灭活疫苗	乳腺炎、脓疮、黄尿病、脚皮炎	用量 2mL，用于预防哺乳母兔因葡萄球菌引起的乳房炎等，母兔配种时皮下接种 2mL	6个月	1年 （2～15℃、阴暗处）
兔瘟、巴氏杆菌病二联灭活苗	兔瘟、巴氏杆菌病	断奶后的兔，皮下注射 1mL，每兔每年注射 2 次	6个月	1年 （2～15℃、阴暗处）
兔瘟、巴氏杆菌病、产气荚膜梭菌病三联灭活疫苗	兔瘟、巴氏杆菌病和产气荚膜梭菌病（A 型）	用量 1mL，用于预防兔瘟、巴氏杆菌病和产气荚膜梭菌病（A 型）。按说明书使用	6个月	1年(2～8℃、阴暗处)
兔瘟、巴氏杆菌病、布鲁氏菌病三联灭活疫菌	兔瘟、巴氏杆菌病、波氏杆菌病	用量 2mL，用于预防兔瘟、巴氏杆菌病和布鲁氏菌病。按说明书使用	6个月	1年(2～8℃、阴暗处)

（二）各类獭兔的免疫程序

（1）仔兔、幼兔免疫程序仔兔、幼兔免疫程序如表 11-2 所示。

（2）青年兔、成年兔免疫程序 1 年 2 次或 3 次定期防疫。繁殖母兔，兔瘟苗可用量加倍，有利于幼兔获得较高水平的母体抗原。

（三）使用兔用疫（菌）苗的注意事项

（1）来源可靠：购买的疫（菌）苗必须是国家定点或指定的生物制品厂或相应的销售机构，清楚地标明了疫（菌）苗的名称、生产日期、生产批号、保存及使用方法、生产厂家，并且附有合格证。

（2）妥善保存：一般应在 18℃以下、4℃以上避光保存。没有冰箱时可储存于地窖水井水面上部，切勿高温和冰冻保存（如疫苗注明可冰冻保存的除外）。保存时间一般在6个月以内。

表11-2　仔兔、幼兔免疫程序

日龄	给药量	给药方法
25～28	大肠杆菌 2mL	皮下注射
30～35	巴氏杆菌和波氏杆菌二联苗 2mL	皮下注射
40～45	兔瘟苗 1mL	皮下注射
50～55	产气荚膜梭菌苗 2mL	皮下注射
60～65	兔瘟苗 1mL	皮下注射

（3）疫苗检查：在使用疫苗或菌苗前，必须仔细检查。不应使用无标签、标签不清晰、过期、质量有问题（如发霉、变色、沉淀、异物等）、瓶壁破裂或瓶塞脱落、瓶壁渗漏、未按要求保存的疫苗或菌苗。

（4）严格消毒：所有注射器和针头应进行严格消毒，且每只獭兔必须使用新的针头。

（5）疫苗摇匀：使用前应充分摇匀疫苗，且一瓶疫苗应一次性用完。如果无法一次用完且打算短期内再使用，需要抽出瓶内空气，并使用石蜡密封针孔处。

（6）注射部位消毒：注射前应先消毒注射部位，确保注射剂量准确。注射后，拔出针头时用棉球闭塞针孔并轻轻挤压，防止疫苗外流。

（7）记录管理：注射疫苗或菌苗后，应立即做好记录，包括使用的疫苗类型、注射剂量、注射时间等。

（8）疫苗选择：如果使用了合格的二联或三联疫苗进行免疫接种，通常无需再注射单联疫苗，除非有免疫失败的确切证据。

第十二章　獭兔产品的加工利用

第一节　獭兔皮的特点

一、鲜皮的成分

组成兔皮的化学成分，主要为水、脂肪、矿物质、蛋白质和碳水化合物。

（一）水

刚宰杀并剥取的兔皮水分含量在 65% 至 75% 之间，通常幼兔皮的含水量高于老龄兔，母兔皮的含水量高于公兔皮。真皮层的水分最丰富，而表皮层含水最少。随着干燥时间增加，兔皮会逐渐失水。由于胶原蛋白纤维的密集结构，这也会使得加工过程中的兔皮吸水变得更加困难，导致生皮难以充分浸泡软化。

（二）脂肪

兔皮中的脂肪占总重的 10% 至 20%，集中于表皮、乳头层以及皮脂腺，网状层和皮下组织含量较少。这些脂肪分布对兔皮的加工和鞣制过程有重要影响，过多的脂肪会干扰加工。高脂肪含量的生皮在鞣制前需要特别处理以去除多余脂肪。

（三）矿物质

鲜兔皮含微量矿物质，占总重的 0.3% 到 0.5%，以钠、钾、镁、钙、铁、锌为主。表皮层富含钾，而真皮层则含钙较多；白兔毛含氯化钙和磷酸钙较高，深色兔毛则铁质含量更丰富。

（四）蛋白质

鲜兔皮有 20% 至 25% 的蛋白质，这是毛皮构造的关键成分。真皮主要由胶原蛋白构成，它在鞣制过程中经过处理可保持皮革柔软而结实。防止胶原蛋白损伤是生皮储存和鞣制的关键。表皮和毛发主要由角蛋白组成，抗酶性强。而血液和淋巴中的白蛋白及球蛋白等，在鞣制前需移除以便后续物质渗透。

（五）碳水化合物

鲜兔皮中碳水化合物占 1% 至 5%，分布于真皮至表皮的各个细胞和纤维之中，包括葡萄糖、半乳糖等单糖以及糖原、黏多糖等复合糖。黏多糖在皮肤基质中发挥着润滑和保护纤维的功能。

二、獭兔被毛特征

獭兔毛皮的显著特质在于其高绒毛和低枪毛（枪毛又称针毛或粗毛）的比例，使其柔软且具有优良的保温特性。绒毛含量高达 93% 至 96%，而枪毛仅占 4% 至 7%，保证了毛皮的质感和美观。不同部位的枪毛含量有所不同，肩部通常含量最高，臀部最低。性别间也表现出差异，母兔的枪毛含量似乎略高于公兔。遗传因素、环境温度和饲养管理都是影响毛皮质量的关键因素。优质的饲养管理能够维持獭兔毛皮的特性，而不良的管理则可能导致毛皮质量下降。獭兔毛皮的这些特性，使其成为毛皮工业中的珍贵原料。

三、獭兔皮的季节特征

獭兔宰杀取皮季节不同，皮板与毛被的质量也有很大差异。

（一）冬皮

冬皮，即每年立冬（11月）至次年立春（2月）期间取得的獭兔毛皮，这一时期因天气寒冷，獭兔已换上厚实的冬毛。皮毛在这个季节特别丰满、平滑且有光泽，皮板坚韧且含油量高，特别是冬至至大寒期间取得的皮质尤为上乘。

（二）春皮

春皮是指从每年立春（阳历2月）至立夏（阳历5月）屠宰所取的獭兔毛皮。由于气候逐渐转暖，且獭兔处于换毛期，此时所产的皮张底绒空疏，光泽减退，板质较差，略显黄色，油性不足，品质较差。

（三）夏皮

夏皮是指每年从立夏（阳历5月）至立秋（阳历8月）宰杀獭兔或淘汰獭兔所取的皮张。此期间由于高温，獭兔已经换上适应季节的较短夏毛。这段时间内的皮张通常毛发稀疏，缺乏冬季的光泽和厚重，皮板也相对较薄，主要呈现灰白色，因其品质较差，其在制裘工业中的价值相对较低。

（四）秋皮

秋皮是指每年从立秋（阳历8月）至立冬（阳历11月）宰杀獭兔或淘汰獭兔所取的皮张。随着天气渐冷和食物充足，早秋的皮毛较粗短，皮板较厚实且略带油性。进入深秋，皮毛变得更加浓密，出现良好的光泽，皮板更加坚固，油性增强，整体毛皮质量显著提高，此时的皮质较春夏两季更好。

四、獭兔的换毛规律

獭兔的正常换毛现象是对外界环境的一种适应表现，换毛时间可分为年龄性换毛和季节性换毛。

（一）年龄性换毛

獭兔的年龄性换毛主要在幼年时期发生，第一次换毛从出生后 30 天到 90 天，这时候的毛皮通常较为稀疏和柔软，不太平滑，但会随着年龄的增长而变得浓密和光滑。在獭兔经历第一次年龄性换毛后，毛皮质量达到最佳，此时屠宰取皮是最理想的。第二次年龄性换毛在獭兔 180 至 240 日龄时完成，此过程较长，可能持续 4 至 5 个月，并且受季节影响显著。如果第一次换毛恰逢春秋季，獭兔会立刻进入第二次换毛期。

（二）季节性换毛

季节性换毛主要发生在成年獭兔的春秋两季。在北方，春季换毛大约从三月初至四月底，秋季则从九月初至十一月底；而在南方，这一时期分别推迟约半个月。春季的换毛周期相对较短，秋季则较长。换毛的具体时长不仅受季节气候的影响，还与獭兔的年龄、健康状况和饲养质量密切相关。

（三）换毛顺序

獭兔的换毛通常始于颈部，逐渐扩展到背部前方、侧体、腹部和臀部，少数獭兔可能全身毛发同时脱落。春季换毛期间，颈部毛发会持续更新至夏季，而秋季后则不再更新。在换毛期，獭兔的整体抵抗力和消化能力下降，需要通过改善饲养管理和提供高蛋白、含硫氨基酸的饲料来支持毛发的生长，从而提升毛皮品质。

第二节 毛皮剥取

獭兔生产以毛皮为主，通常以皮张品质来衡量其商品价值。毛皮剥取的好坏会直接影响毛皮的质量和收购等级。因此，在毛皮剥取时应当特别注意。

一、取皮季节

在獭兔养殖和皮毛生产中，掌握正确的取皮季节是确保毛皮品质的关键。理想的取皮时间需考虑獭兔的年龄、体重和具体时期。青年兔在经历首次年龄性换毛后至第二次换毛前，即5至6个月龄时，体重达到2.75kg以上时宰杀取皮，此时皮张大小符合质量等级要求。对于成年兔，尤其是需要淘汰的老龄兔，宜选择冬季末至次年初春时宰杀，因为这一时期的毛皮绒毛最为丰厚，光泽佳，皮质结实，不易脱落，能够获得高等级的毛皮。

在獭兔的毛皮生产中绝对禁止在换毛期间进行取皮，因为换毛期间绒毛的质量参差不齐，容易脱落，严重影响皮毛的加工和成品质量。判断獭兔是否处于换毛期的简便方法是观察毛被的稳定性；如果毛被松散，绒毛易于脱落，同时能看到短毛纤维的新生长，这通常意味着换毛已经开始。在进行宰杀取皮的计划时，必须避开这些关键的换毛期，以保证最终毛皮的品质。

二、宰前准备

在屠宰前的准备工作中，确保獭兔的健康状况是至关重要的。每一只待宰的獭兔都应经过细致的健康检查，排除患有传染病或其他疾病的个体，这些病兔应被立即隔离以防疾病传播。确定健康的屠宰对象后，为了保证兔肉和皮张的质量，兔子在宰杀前应禁食 8 小时，但需保证有足够的饮水供应。这不仅有助于屠宰操作的顺利进行，保持皮张的质量，还能减少对饲料的消耗。

三、处死方式

农村分散饲养条件下或小规模饲养的条件下，可采用颈部移位法处死獭兔，如图 12-1 所示。即左手抓住后肢，右手捏住头部，将兔身拉直，突然用力一拉，使头部向后扭，使其颈椎脱位致死。也可采用棒击法，即一手提起后肢，另一手持木棒猛击耳根延脑部致死，如图 12-2 所示。

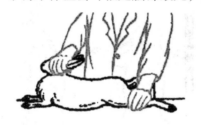

图 12-1 獭兔颈部移位处死方法

在规模化獭兔养殖中，推荐使用电击法实施宰杀，通过将 70V、0.75A 的电击器轻放在兔耳根部，迅速致兔死亡。另一种方法是通过耳静脉注射空气，造成血栓而导致死亡。传统的农村方法如刀割颈部或直接杀头致死法，虽然简单，但易污染毛皮，不推荐使用。

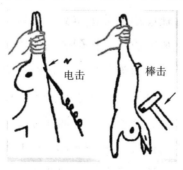

图 12-2 獭兔处死方法

四、剥皮

宰杀獭兔后，应迅速进行剥皮工作。手工剥皮过程中，先将獭兔的一只后肢悬挂固定，再用锋利的刀具小心切开足部关节周围皮肤，并沿着大腿内侧切开至肛门，小心地将皮肤向外翻转并剥离。接着使用退套法继续剥下整张皮，最后将前肢抽出，并去除眼睛及嘴部周围的结缔组织和软骨。整个剥皮过程中需特别注意避免对皮毛造成损伤或撕裂肌肉。獭兔手工剥皮方法如图 12-3 所示。

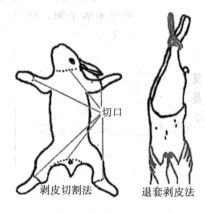

切口

剥皮切割法　　　退套剥皮法

图 12-3　獭兔手工剥皮方法

五、放血净膛

放血和净膛是屠宰过程中的关键步骤，直接影响到兔肉的质量和毛皮的清洁度。在确保剥皮完成后，操作者需要将兔体悬挂固定，利用锋利的刀具快速切断兔颈部的血管与气管，进行放血，此过程一般需要维持 3 至 4 分钟。充分的放血不仅有助于减少毛皮的血渍污染，也使得肉体更加细嫩，减少了水分，便于肉品长期保存。放血完成后，立即进行净膛工作，去除兔体内的内脏，只留下肾脏。整齐地切下头部、尾部及四肢，并彻底清洗胴体，清除所有血迹和杂质。洁净的兔胴体可以作为完整的商品或进一步加工，而内脏则作为副产品，可以用于其他的加工利用，如制作动物饲料或其他副产品。在整个过程中，细心和卫生的操作对于保证产品质量至关重要。

第三节　原料皮的初步加工

刚从兔体上剥下的生皮叫鲜皮，也叫血皮。鲜皮主要由蛋白质构成，含有大量的水分，是各种微生物的优良培养基，如不及时加工处理，就可能腐败变质，影响毛皮质量。

一、防腐处理

对生皮进行防腐处理对于延长生皮保存期至关重要。夏季剥离的兔皮若未立即处理，在几小时内因酶活性引发的自溶现象会导致质量下降。这些酶在皮肤组织中维持合成与分解的平衡，但死亡后会促进组织分解。为防止由微生物和酶导致的皮肤变质或腐败，剥离的鲜皮应在冷却 1 到 2 小时后立即进行防腐，通常采用干燥法和盐腌法。干燥法通过除去水分来抑制微生物生长，盐腌法则利用食盐的脱水和抑菌特性来保护皮肤。这两种方法都能有效地延长皮张的保存期限，保持其在加工前的品质。

（一）干燥法

干燥法是一种基础且成本低廉的生皮防腐措施，通过降低鲜皮中的水分来抑制细菌的活动。这种方法得到的干皮，因其不含盐分，有时被称为甜干皮或淡干皮。在实际操作中，鲜皮应保持其自然形态，皮毛朝下铺设在草席或木板上，并置于干燥、通风、阴凉的环境中，避免直接接触潮湿地面或草地。在整个干燥过程中，要特别注意防止雨水或露水的侵袭，因为这些因素会减缓干燥速度，不利于细菌活动的抑制，增加生皮变质的风险。同时，应避免将皮张直接暴晒于强烈阳光下或放在过热的地面上，如沙砾或石头上，这样会导致皮肤表层迅速硬化，妨碍内部水分均匀蒸发，并可能引起皮肤内层的蛋白质胶化，浸水时容易分层。

阳光的强烈照射会导致附着在生皮上的脂肪融化并渗透至纤维间和肉面，这将使得后续鞣制过程中的药液渗透变得更加困难。尽管干燥法在操作上简便，且干燥后的皮张清洁、轻便，便于储存和运输，但它主要适用于干燥的地区和季节。不当的干燥处理可能会导致皮板损伤，储存期间容易发生压裂或受到昆虫侵害，搬运时扬起的尘土也可能对工作人员的健康造成不利影响。需在适宜的条件下，采取正确的干燥措施，以确保生皮的质量和安全。板皮干燥法如图 12-4 所示。

图 12-4　板皮干燥法

（二）盐腌法

盐腌法通过用食盐从鲜皮中吸附水分，并阻止细菌生长来实现防腐效果。这种方法通常用鲜皮重量的 40% 作为食盐用量，以中到粗颗粒盐为佳。在冬季，由于气候较冷，盐腌的时间需相应延长。盐腌过的干盐皮虽然含有一定的水分，便于长期储存且不易被虫害，但在潮湿天气下容易吸湿。为避免阴雨季节皮张回潮，仓储时必须确保环境密封，防止潮气侵入。

1.撒盐法

撒盐法是一种常见的生皮防腐技术，通过在鲜皮上均匀撒盐来抑制微生物生长。首先，将鲜皮毛面朝下平铺在阴凉干燥处，拉直边缘及头腿部，其次均匀覆盖一层食盐。最后，皮张之间交替铺设并撒盐，形成垛。顶层皮张撒以额外的盐量以确保充分防腐。五六天后翻动垛，以防止皮张局部盐化不均，待皮张腌透后再进行晾晒。这样可以确保皮张在加工前得到良好保存。撒盐法如图12-5所示。

将食盐撒布于獭兔皮表面

图12-5 撒盐法

2.盐腌法

将清理好的鲜皮浸入浓度为25%～35%的食盐溶液中，经过16～20h的浸泡，捞出来再按上述方法撒盐、堆码，1周后可晾晒。

二、储藏保管

防腐后的兔皮应根据等级和品种分类打包，保持毛面相对，头尾相对并平整放置。每叠间应适量撒萘粉防虫。应在干燥清洁的环境中进行储存，相对湿度维持在50%到60%，温度控制在10℃最理想，不超过30℃，保持皮张水分在12%到20%之间以防脆裂或腐败。皮张应放在木条上，并在底部撒敌敌畏或萘粉。库房需定期检查，确保储存条件稳定。

三、包装运输

在包装运输阶段，兔皮的处理需细致且保证防潮防虫。根据品质将皮张分类堆叠，每10张添加适量防虫剂后包裹防潮纸。用纸箱或塑料袋封装成捆，确保在运输过程中免受湿气和害虫的侵害。对于公路运输，必须有防雨措施，尤其是在多雨季节或跨区域运输时。对于长距离运输，宜采取绳捆打包法，确保每捆25到50张兔皮，皮毛面和皮板相对，且每捆两端的皮板朝外，以塑料编织袋外包，并用绳子固定。所有包裹在发运前都应通过检疫和消毒处理，以确保运输过程中的卫生安全。

四、鞣制技术

鞣制技术是兔皮加工的关键步骤，旨在将其转化为高品质的裘皮或供制革使用的皮料。裘皮要求绒毛丰富、柔顺，而革皮则更侧重于皮板的质地。鞣制过程改善了生皮干燥后变硬的问题，通过处理胶原纤维，保持皮板的柔软性和强度。皮张鞣制的程序一般是去除皮张脂肪、血污及残留的肌肉→浸水回软→脱脂→鞣制→整理。每个阶段都要精细操作以确保皮张的韧性和柔软度。简易鞣制法适用于小规模生产，能有效提升工艺效率和完成品的质感。獭兔皮鞣制流程如图12-6所示。

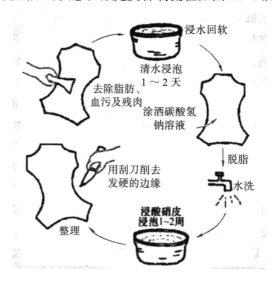

图 12-6 獭兔皮鞣制流程

（一）洗涤和清理

新鲜兔皮应平放清理，用刀片除去残留脂肪和血渍，特别注意脂肪的彻底清除。陈旧皮张或干燥皮张应先浸泡一整天后，再进行同样的清洗程序。清洗时应翻转皮张，顺逆方向用温暖的肥皂水或碳酸氢钠溶液反复擦洗毛面，边刷边淋。洗净后在清水中彻底漂洗，包括皮板肉面。水分滴干后即可开始鞣制。

（二）酸液浸泡

酸液浸泡是兔皮鞣制的关键步骤，通过使用5%的硫酸溶液，将兔皮毛面相对地浸泡，以确保皮板充分吸收液体。这个过程中，每隔四到五小时需翻动皮张以促进均匀酸化。经过八到十小时，皮板的胶原纤维会在酸液作用下膨胀，皮板随之变厚，面积减小。当皮下疏松组织容易被撕下时，表示浸泡足够。由于兔毛具有很强的抗酸性，此步骤不会损伤毛质。浸泡完成后，需在清水中冲洗兔皮，并晾干至不再滴水，准备下一步鞣制工序。

（三）皮板硝化

在传统兔皮鞣制过程中，硝化技术起着至关重要的作用。这一步骤涉及使用皮硝，俗称芒硝，即粗制的硫酸钠，以及糯米粉，这些材料在药店均可购得。在家庭小规模鞣制中，这种方法被广泛采用，而在大规模的工厂化生产中，可能更倾向于使用铝—铬鞣制、铬—醛鞣制或其他现代化工艺。

硝面鞣制液的制备是一个精确的过程，需要将20%的皮硝和25%的糯米粉混合在水中，确保每1000mL水中包含200g的皮硝和250g的米粉。在鞣制过程中，盛放兔皮的容器需要密封，以避免霉变，这通常通过覆盖塑料布或容器盖实现。鞣制过程中，兔皮每天翻动一次，保证容器内的温度均匀，以促进皮硝均匀渗透兔皮。

硝化的周期大约为三周。鞣制过程的中后期，取出一小块兔皮边角料，当它干到七八成干燥时，对其进行拉搓测试。如果发现皮下组织变白且变松，这表明皮硝已经完全渗透。此时，应将兔皮上所有硝面材料去除，需注意硝面材料可回收再用。待兔皮晾至大约八成干时，从各个方向用力拉搓，以此改变胶原纤维之间的结构，直至皮板恢复至原有尺寸，皮下组织变松起绒。

完成鞣制后，应将兔皮晾干，彻底拍打皮板，清理毛面，得到终成品，即一张柔软而光滑的兔皮。在整个鞣制过程中，一些关键的技术点需要特别注意。例如，兔皮在酸溶液中的浸泡时间不宜过长，以免纤维受损；皮板应通过自然风干而非直接暴晒，以避免过度干燥造成的硬化，以及在皮板完全干透之前应进行拉搓，以确保皮料的柔韧性。在皮板干透发硬后，可通过潮湿毛巾的方法使其回潮，再进行拉搓，以便恢复皮板的柔软度。

这种家庭式的简易鞣制方法虽然成本较低，且操作简便，但同样需要严格按照步骤执行，保证皮料的质量。这一过程不仅体现了工艺的精细性，也展现了兔皮鞣制传统技术的魅力和价值。

第四节　毛皮质量评定

一、质量要求

獭兔毛皮品质的优劣主要依据皮板面积、皮板质地、被毛长度、被毛密度和毛皮色泽等来评定。

（一）皮板面积

獭兔皮的面积是衡量其商业价值的一个重要指标，面积越大的皮张在其他条件相同的情况下价值更高。根据国家供销合作总社制定的标准

（獭兔皮 GH/T1028—2002），獭兔毛皮的质量分级如下：特等獭兔毛皮的全皮面积需达到或超过 1400cm²，一等品不少于 1200cm²，二等品不少于 1000cm²，而三等品面积应在 800cm² 以上。

（二）皮板质地

獭兔皮板的质地是评价其品质的关键因素，它决定了皮张的使用价值和市场认可度。一个优质的獭兔皮板应具备适中的厚度，这样既保证了坚韧性也保持了足够的弹性。皮板质地应密实，触感坚实，表面平滑无瑕疵，清洁无残留油脂或肉屑。有色皮板应无明显的黑色素沉着，展现其天然的灰白色调。毛面的质量也同样重要，要求毛发整齐，颜色鲜明，且不易脱落。

青壮年獭兔的皮板质量通常最佳，幼兔的皮板过于柔薄，而老龄獭兔的皮板则偏厚且粗糙。皮质的劣化通常与不精细的饲养管理、剥皮技术的不当、晾晒或储存运输的不适宜等因素有关，这些问题都可能严重降低皮张的实用价值和美观度。

季节变化对獭兔皮板的质地也有显著影响，冬季的皮张质地更为致密和厚实，拥有更好的弹性，整体品质较为优良。相比之下，夏季皮张则表现出较薄和疏松的特性，容易发生破裂。在加工过程中，若皮板上的油脂和肉屑清理不彻底，或者晾晒和储存条件不佳，都会对皮板的质地造成不利影响。

从解剖学角度看，獭兔皮张的厚度在不同部位有所差异，通常臀部最厚，肩部最薄。随着年龄的增长，皮板的厚度也会逐步增加。因此，鞣制和后续加工时需对这些差异予以注意，以确保最终产品的均质性和整体美观。在整个加工链中，从饲养到最终产品的每一个环节都需严格控制，以保证獭兔皮张的最优品质。

（三）被毛色泽

獭兔毛皮的色泽是判断其品质的关键标准之一，优质的獭兔毛皮应具备品种特有的色泽，毛色纯正，且具有自然光泽。毛皮的色泽不仅反映了獭兔的健康状况，也是其美观度的体现。遗传因素是决定毛色的主要因素，杂交品种通常会导致毛色不均，出现杂色或斑块。年龄对色泽的影响也十分显著，幼兔的毛色通常较淡，而随着年龄的增长，毛色会逐渐褪淡。在獭兔的生命周期中，5个月龄至1岁期间的毛色最为鲜明且光泽最佳。

管理水平、营养状况及健康状况均会影响毛色的质量。不合理的饲养管理、不足的营养供给或健康问题都可能导致毛色变得暗淡无光。市场上对獭兔毛色的偏好随时尚和消费者喜好而变化。目前以白色獭兔毛皮最受欢迎，因其遗传稳定，不易出现杂色，在商品市场上较易受到消费者的青睐。随着科技进步，虽然可以通过染色技术调整毛皮颜色以满足市场需求，但对有色毛皮进行染色仍存在一定的技术挑战。白色獭兔在当下市场中具有较高的商业价值，使得它们的饲养量扩大，有助于品种的纯化和商品质量的提升。

（四）绒毛密度和平整度

绒毛密度是衡量獭兔毛皮品质的重要指标，反映了皮肤单位面积内绒毛的数量，与毛皮的保暖性和美观度紧密相关。高密度的绒毛通常意味着更好的质量，美系獭兔在这方面表现突出，密度可达16000到38000根每平方cm，平均约为25000根，而法系獭兔则略低，在18000到22000根之间。母兔的绒毛密度普遍高于公兔，且毛皮的不同部位密度也有所不同，臀部最密集，其次是背部，而肩部密度最低。

绒毛的平整度也是判定毛皮品质的标准之一，它要求毛发长度均匀，整体排列整齐。优质的獭兔毛皮应当拥有一致的绒毛长度，通常1.6cm左右的绒毛被认为最理想。针毛的少量或缺乏能够增加毛皮的整体平滑感，太多的针毛会破坏这种平滑感，降低皮张的整体美观。

鞣制前的饲养管理、营养供给、品种选育，以及正确的剥皮时机都是影响绒毛密度和平整度的关键因素。不当的饲养管理或在换毛期间剥皮都会导致毛皮品质下降。养殖者必须仔细监控獭兔的成长环境和营养状况，避免在换毛期进行剥皮，以保证最终毛皮的高品质。

二、毛皮品质评定方法

评定獭兔毛皮质量，主要通过一看、二抖、三摸、四吹、五量等步骤进行。

一看：捏住兔皮的头部和尾部，细致地观察毛面和板面。检查被毛的粗细、色泽是否均匀一致，皮板的形状是否标准，以及是否存在淤血、损伤或脱毛等缺陷。任何如孔洞、旋毛、伤痕、痈疽、淤血、掉毛、皱缩或不当拉伸的瑕疵都应导致皮张的降级。优质的皮板应具有适度的厚度、密集细腻的纤维、良好的弹性和韧性，以及一定的油性。相反，若皮板显得薄弱，纤维松散，缺乏均匀厚度、弹性和韧性，或者有皱纹，表明皮质较差。

二抖：两手分别捏住兔皮的头部和尾部，上下轻抖，观察毛发的长度和平整度。同时，检查毛根的柔软度、毛发的弹性以及粗毛的比例。这些特征帮助确定兔皮的等级，毛发的均匀一致性和弹性是高品质兔皮的关键指标。

三摸：用手轻抚毛皮表面，感受被毛的弹性和密集度，检查是否存在旋毛。手指穿透被毛层检测底绒的厚度和质感。高品质的兔皮绒毛应长且紧密，底绒细软丰满，枪毛稀少且均匀分布，整体色泽有光泽。毛绒稀疏的毛皮通常感觉较粗糙，缺乏光泽，绒毛短而薄弱，根部油腻，给人一种干枯的印象。

四吹：通过逆向吹气，被毛会被分开并形成一个漩涡，裸露出皮肤的面积可以用来评估绒毛的密集程度。理想情况下，皮肤几乎不可见，或者裸露面积非常小，小于 $4mm^2$，即一个大头针头的大小。如果裸露面积不超过 $8mm^2$，大概一个火柴头大小，仍可以被认为是良好的。而面积不超过 12mm²，大约三个大头针头大小，可视为合格。这一评估标准帮助人们界定兔皮毛绒的品质等级。

五量：操作者从兔皮颈部的缺口处至尾部的中间部位测量长度，并在兔皮腰部中央测量宽度，长度与宽度的乘积即为兔皮的面积。根据标准，特等兔皮的面积须达到 1400cm² 以上，一等皮的面积应在 1200cm² 以上，二等皮在 1000cm² 以上，而三等皮则在 800cm² 以上。这种测量法为兔皮分级提供了准确的数据支持。

第五节　影响獭兔毛皮质量的因素及改进措施

一、影响獭兔毛皮质量的因素

影响獭兔毛皮质量的因素很多，主要有品种、营养与饲料、疾病防治、宰杀与剥皮、加工方法等。

（一）品种选育

品种选育是确保獭兔毛皮质量的基石。不纯的品种或种群退化导致毛皮的色泽和质地受损，出现杂色、毛绒稀疏等问题。大型獭兔通常意味着更大的皮张面积，因而市场价值更高。重视品种改良，通过精心选择和淘汰，培育出高品质的种群，是提高毛皮质量的关键。

（二）营养与饲料

营养与饲料在獭兔毛皮品质形成中扮演着至关重要的角色。合理的营养供给可以确保獭兔健康成长，皮张面积大，毛皮质地优良。然而，不平衡的营养，无论是不足还是过剩，都可能导致毛皮的色泽、密度和平整度出现问题，从而影响其市场价值。

日粮中能量和蛋白质的比例对毛皮质量有显著影响。适量的消化能和粗蛋白质能促进獭兔快速成长，并生成高品质的毛皮。在饲料成分中，蛋白质的质量尤其重要。不足的蛋白质摄入，特别是必需氨基酸（如硫氨基酸）的缺乏，会导致毛质退化，毛纤维强度降低，绒毛稀疏，同时针毛数量增加。

维生素和微量元素在保持毛皮色泽和结构中同样不可或缺。生物素的充足供给对保持獭兔皮肤和毛发健康至关重要。然而，由于自然界中生物素的浓度普遍较低，且生物利用率有限，其在日常饲料中的缺乏可能会导致代谢功能紊乱，降低獭兔的生产性能和抗病能力，影响毛皮质量。胆碱是维持肾脏健康的关键物质，缺乏时，会影响毛皮的光泽和密度。

铜是毛发中角蛋白合成必需的微量元素，它参与多肽链中氨基酸的连接，缺乏铜会使毛发结构出现异常，减少弹性和张力。在铜的添加方面，适宜的剂量能显著提高獭兔毛发的生长速度和皮板的质地。然而，铜的添加剂量必须精确控制，因为过量会影响皮板厚度，展示出明显的剂量效应，可能与兔体内不同组织对铜的不同需求有关。

在实际养殖过程中，不仅要关注饲料的营养组成，还要关注饲料的质量和饲养环境。饲养环境的温度、湿度等都会间接影响獭兔对饲料的摄入量和利用效率。养殖过程中要注意定期对獭兔进行健康检查，及时发现并处理任何可能影响毛皮质量的疾病或健康问题。

饲料的新鲜度也对獭兔的健康和毛皮质量有显著影响。陈旧或污染的饲料可能导致獭兔消化不良或疾病，影响其生长和毛皮的发育。高质量、营养丰富的饲料，结合良好的饲养管理实践，是确保獭兔毛皮质量的关键。

（三）獭兔的疾病

在人工饲养的环境下，獭兔的居住条件对其健康至关重要。当獭兔笼舍环境不佳，如潮湿、缺乏适当清洁，会给它们的健康带来不利影响。

潮湿的环境是细菌和寄生虫的温床，这些微生物和寄生虫会在獭兔的皮肤和毛发间找到栖息地，从而导致獭兔的皮毛出现脏乱无光泽，严重时甚至会引起疥癣、虱子、螨虫感染和皮肤霉菌病等多种疾病。这些疾病不仅影响獭兔的外在美观，更会对獭兔的皮肤造成深远的伤害。例如，疥癣病会让獭兔皮肤产生瘙痒，导致獭兔不断抓挠，从而使得皮毛变得不平整，严重时皮肤甚至会溃烂，整个毛皮布满斑痕。而皮下脓肿则会让毛皮的表面变得更加粗糙，失去了应有的光滑和细腻。

当獭兔患病后，它们的整体健康也会受到影响，常常表现为体重减轻，皮质变薄，毛皮失去原有的弹性和光泽，变得干枯和脆弱。在这种状态下，獭兔的皮板也会变得粗糙松软，缺乏韧性。这样的毛皮不仅外观上缺乏美感，而且在实用性上也大打折扣，不再适合用于制作高品质的裘皮制品。

（四）宰剥年龄

毛皮的品质受到兔子年龄的显著影响。通常情况下，成年兔的毛皮品质超过幼兔。4 个月龄之前的幼兔，其绒毛尚未充分发育，胎毛仍在脱换过程中，导致毛皮质地较薄，在市场上的价值相对较低。然而，当兔子成长至 5 到 6 个月大，体重达到 2.5 至 2.75kg 时，它们的毛皮会达到最佳状态，此时的绒毛既浓密又有光泽，皮板的厚度也恰到好处，能够产出顶级的毛皮。相对而言，老年兔的皮毛由于干枯、缺乏弹性，以及颜色显得暗淡无光，毛皮的板质也会变得厚硬且粗糙，这些特征使得其商业价值大打折扣。选择正确的宰剥年龄是确保毛皮质量和商业价值的关键因素。

（五）取皮季节

对于毛皮的采集而言，季节的选择对于成年和老年兔来说至关重要，以确保毛皮的最高品质。理想的取皮时期是在冬季结束和春季初期，也就是从 11 月延续到翌年的 3 月。在这个时候，兔子的绒毛最为丰满，光泽最佳，皮板的质量亦处于最优状态。这是由于冬季寒冷的气候促使兔子生长出长而厚的毛皮，毛面整洁，色泽亮丽，皮板结实。与此相反，春季是成年兔和老龄兔毛发更替的季节，这时候的毛皮质量会有所下降，因为毛发会变得更长更稀疏，底毛也不够密集，造成毛面杂乱无章，皮板质地较粗。

夏季的高温导致兔毛变短且粗糙，底绒稀疏，皮板薄硬，呈现出暗黄色，是毛皮品质最不理想的季节。秋季，虽然气候宜人，饲料充足，兔毛可以长得又密又匀称，但由于毛发长度不够，毛皮的品质仍旧逊色于冬季。

成年兔每年在春秋两个季节都会经历换毛期，这是它们的季节性换毛特征。在换毛期采集的毛皮由于绒毛长度不一，容易脱落，品质最差，因此在这个时候取皮是不可取的。要判断一只兔子是否处于换毛期，可以手动分开毛皮，看绒毛是否容易脱落，以及是否有新的短毛纤维生长，这是换毛的明显标志。

（六）宰杀与剥皮的方法

在宰杀和剥皮过程中，采用适当的方法对于保持毛皮的完好和高质量至关重要。不恰当的处死方式，如用刀割喉放血、砍头或注射醋酸等，会导致血液污染毛皮，严重损害其品质。选取的处死方法应当遵循简单、迅速致死且不污染毛皮的原则，同时要确保尸体的清洁，以维持毛皮的优质状态。推荐的处死技术包括颈椎错位法、击打法、电击法或空气注射法等。

宰杀獭兔之后，尸体需要放置在干燥、阴凉的环境中，并应迅速进行剥皮操作，避免因尸体过久放置，受热发酵而损坏毛皮。剥皮时的不当处理或技术上的不熟练可能导致皮肤损伤、皮形不完整或皮肤不均匀（例如，背部的皮肤比腹部的要长），这些都会影响到毛皮的最终品质。

（七）加工技术

毛皮的加工技术是一个复杂的过程，包含剥皮、晾皮、储皮、染皮和整皮等多个步骤。在每个环节，不精确或不恰当的处理都可能导致毛皮质量下降。例如，加工时若不注意，容易产生褶皱或使皮板不完整。在处理新鲜皮肤时，如果方法不当，可能会伤害到毛囊，引起皮板变色或毛绒脱落。

晾晒是一个关键步骤，如果不及时或方法不正确，皮板可能会产生霉变或出现油渍和冻结现象。在撑皮过程中，如果用力过猛或撑得过度，皮板在干燥后会变得非常薄，尤其是在腿部和腹部，这样的毛皮在制作时容易破损。烟熏是另一个需要谨慎处理的步骤，烟熏时间过长会使皮板过度干燥并且发黄，失去其本有的油性光泽。

在储存和运输毛皮的过程中，如果保管不善，毛皮可能会遭受虫蛀、鼠咬或霉烂等损害，轻则质量下降，重则完全失去使用价值。每一步的精心操作和妥善保管对于维护毛皮的高质量来说都至关重要。

二、獭兔毛皮质量的改进措施

（一）加强獭兔品种选育

提升獭兔的品种质量通过精心的选育工作是关键。选育优良种獭兔时，应着眼于一系列特定的特征：理想的被毛长度约为1.6cm，毛纤维直径介于18到19μm之间，密度高，针毛少，且毛发长度均匀、排列整齐，呈现出亮丽且色泽鲜艳的外观。优良种獭兔的四肢应短而精细，腹部紧凑，整个身体结构均衡协调，头部小巧，额头宽阔，眼睛大而圆，面容清秀，耳朵中等长度且直立，尾巴短而无毛，具有明显的肉髯和宽大的后爪；其体质应健壮，生长快速，体重较重，具有高产肉的性能；生殖机能旺盛，遗传性能稳定，繁殖力强。

在现有的獭兔品系中，主要有美国品系、德国品系和法国品系三个变种。这三个品系各有优势，如美国品系的繁殖力最强，而德国品系的生长速度潜力最大。可以采用美国品系獭兔作为母本，德国品系或法国品系獭兔作为父本进行初代杂交。将初代杂交的母獭兔作为第二代母本，与德国公獭兔再次杂交，其三元杂交的后代直接用于育肥。实际应用表明，系间杂交所得的后代在生长效率上优于任何单一纯种獭兔。

（二）合理的营养

獭兔的生长发育和毛皮品质在很大程度上取决于其营养摄入。从断奶开始至 3 个月龄，獭兔处于生长发育的黄金期。在这个阶段，应允许獭兔自由采食，充分发挥它们生长速度快的特性，充分挖掘它们的遗传潜能，促进幼兔快速增重。这是因为獭兔的毛囊分化与其体重增长是成正比关系，体重越重，毛囊密度越大。而毛囊的分化主要发生在幼年期，所以早期的营养投入对于提升毛皮品质尤为关键。

生产实践表明，在獭兔达到 3 个月龄之前确保其不间断地生长，对于提高其毛皮品质、体重以及皮张的面积非常有效。在这个关键的生长阶段，应该提供高蛋白、高含硫氨基酸的饲料，同时确保獭兔有充足的青绿饲料摄入，合理地将青料与精料相结合。在精料的配制上，除了满足全价营养的要求，还应当特别添加含硫氨基酸，其含量应达到饲料总量的 0.6%。同时，应加入较高含量的维生素 D_3，每 1kg 精料中含 800至 1000 国际单位，这有助于促进獭兔早期骨骼的生长，确保其在屠宰取皮时体型足够大。添加油脂类饲料，如亚麻籽、棉籽等，可以增加皮毛的光泽度，使毛皮更加亮丽有吸引力。

随着獭兔成长，可适当地调整其营养摄入和饲料量，以控制其生长速度，防止过度肥胖。营养调整可以通过两种方式实现：一是轻微降低日粮的营养水平，二是适当减少饲料供给量。例如，日喂精料可减少至50g，同时应增加苜蓿、大豆、向日葵籽等高蛋白质饲料的投喂量。采用这种"前促后控"的育肥策略，不仅可以节省饲料成本，还能保证獭兔皮张的品质，避免过多的脂肪和结缔组织堆积，确保毛皮的质量和市场价值。

（三）注意换毛时期的饲养管理

在獭兔的换毛时期，其体质通常较为脆弱，消化系统的效率降低，它们对环境变化的适应能力也有所下降，这使得它们更容易受到气候变化的影响，如容易伤风感冒。这个阶段的饲养管理需要特别关注。

为了支持獭兔在换毛期间的健康，应提供易于消化并且蛋白质含量高的饲料。蛋白质不仅是獭兔生长所必需的，而且在毛发的构建中扮演着关键角色。特别是富含硫氨基酸的饲料（如蛋氨酸和胱氨酸），对于维持和促进被毛的生长至关重要，其在日粮中的含量应达到0.6%。硫氨基酸是合成毛囊所需的重要营养素，能够帮助獭兔维持毛发的结实和光泽。

（四）加强疾病防治

为了提升獭兔毛皮的品质，必须实施全面而彻底的疫病防治策略。这要求在日常饲养管理中采取科学的方法，特别是对獭兔的主要疫病进行控制，重点关注代谢性疾病和寄生虫病这两类常见疾病。代谢病影响獭兔的整体健康和能量转化，而寄生虫病会直接损害獭兔的皮毛质量。应采取有效的预防和控制措施，减少疾病的发生率和流行程度。

在卫生管理方面，兔舍和兔场的清洁工作需常态化进行。每天都应该清扫兔舍，去除粪便和废弃物，保持环境的清洁与干燥。这不仅有助于防止细菌和寄生虫的繁殖，还能为獭兔提供一个更舒适的生活环境，从而减少由于不良环境条件引起的应激反应。定期的消毒工作也是防病措施的一部分，能够有效杀死病原体，降低疾病传播的风险。这包括对兔舍内外、饲养设备及饲料存储区的消毒。

除了日常清洁和消毒，还需定期对獭兔进行健康检查，包括体温监测、观察饮食和精神状态等，早期发现并隔离患病个体，以防疾病在兔群中扩散。同时，应建立完整的疾病记录和追踪体系，分析疫病发生的模式和原因，不断优化防治措施。合理的饲养密度、适宜的养殖环境温湿度调控和优质的饲料供给，也是预防疾病的关键因素。通过这些综合防治措施，可以大幅提高獭兔的健康水平，进而提升毛皮的品质。

（五）适时取皮

选择正确的时机进行取皮是关键性的步骤，这直接关系毛皮品质的提升。一般来说，对于青年兔而言，最佳的取皮时机是在其生命的第一次年龄性换毛期和第二次换毛期之间，这通常是在兔子大约5个月大、体重在2.5到3kg的时候。此时段的兔子绒毛浓密、色泽鲜亮，皮板的厚度恰到好处，可以获得达到一级品质标准的毛皮。

对于成年和老年兔，取皮应避开换毛期，并且最佳取皮的时间是在冬季末尾至春季初期。在这个时间段，兔毛的密度和质量都会达到一年中的最高点，毛发拥有最佳的光泽度，皮板结实而韧性好，可以获得高比例的优质毛皮。

（六）注意取皮、加工和保管的方法

在獭兔的取皮、加工与保管过程中，细致的操作对保持毛皮质量极为关键。理想的做法是，在獭兔死后立即剥皮，且在毛皮与肉体完全分离后方可进行放血，这样可以最大程度地保护毛皮免受血液污染。在具体操作中，应先通过棒击或电击的方式使獭兔失去意识，再剥下毛皮，将之制成内毛外皮的平展皮筒状。利用锋利的刀具沿獭兔腹部中线小心地将毛皮展开并平铺在纸板上，用小铁钉固定四周，待其自然阴干。

在阴干毛皮时，需要将干燥好的毛皮毛面对毛面、皮面对皮面叠放，根据毛皮的大小和等级，每十张或五十张一捆地装入通风的麻袋中，加入适量的驱虫剂后密封，以便长期保存。

取皮、加工与保管过程中应注意以下细节：首先，在剥皮过程中应避免使用刀具伤及皮肤，造成毛皮破损。其次，剥皮时的切口应沿腹部

中线准确划开，以保持毛皮的形状规范，最大化皮张的有效面积。再次，皮板上残留的油脂应彻底清除，特别是颈部区域，否则会影响皮张的伸展性或在干燥后产生塌脖等缺陷。最后，干燥环境的温度和湿度控制非常重要，最理想的条件是温度保持在大约 10℃，相对湿度控制在 55% 到 65% 之间，过高的湿度会引起毛皮霉变，过低则会导致毛皮过于干燥，容易脱发。

干燥后的毛皮需要正确的整理和包装，干燥好的皮张应及时整理并以皮板对皮板的方式堆叠，避免折叠以保持皮张的平整。在存储过程中，还需定期检查毛皮的状态，确保储藏环境的适宜性，防止毛皮老化、烟熏过度、霉变或因环境湿热而损坏。

第六节　残次獭兔皮产生的原因

在养殖獭兔的过程中，由于各种因素，经常会产出质量较低的兔皮，这不仅减少了养殖者的经济收入，也造成了资源的浪费。从饲养的管理到皮毛的收集和储存各个环节，都需要实施有效的措施来提高低质兔皮的产出。

一、饲养管理不当

（一）伤疤皮

在群体饲养环境中，獭兔间的打斗会导致皮肤被咬伤。这些伤口如果发生感染并且恶化，愈合后会留下伤疤。病变可能发展成脓肿，进一步形成溃疡并损害到皮肤层。这种情况下的兔皮在加工制皮时，通常会出现孔洞。

236

（二）尿黄皮

当兔笼潮湿且卫生状况恶劣时，獭兔的臀部和后身部分的毛发会被长期的粪便和尿液污染，导致毛色变成棕黄色。在制裘的过程中，这种变色会使染色变得困难，并对皮毛的最终品质产生负面影响。

（三）癣癫皮

獭兔如果感染了疥螨或患上了毛癣菌病，其毛发会变得粗糙并失去光泽。在疾病严重的情况下，毛发会成片脱落，这样的兔皮在加工成裘皮时其经济价值会大减。

二、宰杀时机不当

（一）非季节皮

非季节皮指的是在兔子尚未完成季节性换毛的时候获得的兔皮。有些皮毛分布稀疏，有些四周的毛稀疏，而有些则毛发高低不一。应该等待兔子的毛发完全换新、变得茂密、保持在皮肤上时再采集皮毛。

（二）轻薄皮板

轻薄皮板是指质地薄而透明的皮革，类似于牛皮板，摇动时发出哗啦啦的声音。这种皮革通常来自年龄在 4 个月左右，体重约 2kg 的青年兔，它们的绒毛不够丰满，因此皮革的使用价值较低。

（三）松针皮

松针皮是指在兔子换毛的早期，一些绒毛脱离了皮肤，但仍然残留在毛绒中，呈现为小撮绒毛露在皮毛表面，对毛皮的质量有较大的影响。

（四）龟盖皮

"龟盖皮"通常被称为"盖皮"或"王八盖皮"，通常只在兔子换毛期间出现。这种皮的背部绒毛丰厚而平整，而腹部绒毛稀疏，形成了类似于"龟盖"的图案。有些龟盖皮的背部绒毛长短不一,但腹部的绒毛基本一致;还有一些背部和腹部的绒毛基本一致,但它们的连接处有一圈短毛。这类皮在检验中出现的频率相对较高,通常只能用于制作三级皮或者经过额外处理后才能用于外皮。

(五)竖沟皮

"竖沟皮"指的是皮毛上分布着几道长短不一的竖状凹陷,这些区域的毛发可能较短或缺失,导致整个皮张不平。如果发现养殖的兔子有这种皮质特征,应该等待竖沟处的毛发生长到与周围毛发齐平后再进行屠宰。

(六)波纹皮

"波纹皮"是指皮毛上出现了类似水波纹状的条纹,这些条纹处可能缺乏毛发或毛发较短。如果发现养殖的兔子有这种皮质特征,应该等待波纹处的毛发生长齐平后再进行屠宰。

(七)孕兔皮

"孕兔皮"是指已经生过仔兔的母兔,其腹部的毛发可能稀疏或无法再生长出来,因此只有背部的皮肤可以使用,而腹部的皮肤不适合用于制作皮革。

(八)鸡啄皮

"鸡啄皮"意指皮毛上出现多处缺失,就像被鸡啄掉一样。这些缺失通常是由于兔子之间的咬架引起的。如果发现有这种皮质特征的活兔,应该等待缺失处的毛发重新长出且长齐后再取皮。

(九)黑色沉积皮

黑色沉积皮指的是有色兔皮表面出现大片黑色沉积区域,这表明毛发尚未发育成熟,此时不适宜采集皮革。

三、宰杀、加工方法不当及储存、运输管理不当

（一）刀洞皮

刀洞皮是指在宰杀和剥皮的过程中，由于技术不熟练而造成的损伤和刀伤。有些刀洞可能正好位于皮张的中央部位，严重影响了皮革的使用价值。

（二）缺材

缺材是指由于加工不当、储存条件不佳或其他原因导致的皮张形状不完整的情况。

（三）偏皮

偏皮指的是在筒皮开皮时，未沿着兔子腹部的中线切开，导致皮板的脊背中线两侧面积不均匀，影响了皮张的利用效率。

（四）撑板皮

撑板皮是指在处理兔皮时，使用废弃的撑板或钉板方法拉伸皮张过紧，导致皮板变得非常薄，几乎像纸一样薄，纤维容易破裂或折断。这种类型的皮张通常被视为次品皮革，需要经过额外的处理。

（五）皱板皮

皱板皮是指在鲜皮晾晒时没有得到充分展平，导致皮板在干燥后出现皱缩，尤其是边缘部分内卷，类似于鞋底的形状。这不仅影响了皮革的外观，还在捆扎时使皮张的皱缩部位容易断裂。通常，这种情况更常见于非盐处理的皮革，也就是淡板。

（六）虫蛀皮

虫蛀皮指的是由于保管不当而发生虫蛀现象的皮革。轻微的虫蛀可能导致毛发部分脱落或毛发断裂，而严重的虫蛀会导致皮板被蛀成孔洞，

丧失了制作皮裘的价值。

（七）油浇板

油浇板指的是皮板表面残留大量黏黄色的脂油，看起来就像被浇上一层油一样。这种情况通常是因为皮板上的脂肪含量过多，加上存放时间过长，导致脂肪酵解产生。在制作皮裘时，这种板的脱脂工作变得非常困难，而且容易导致皮板断裂。

（八）陈板

陈板是指生皮存放时间过长，导致皮板变黄、失去了油性，同时皮层的纤维组织也发生了变性。这种情况会导致皮毛变得干枯，失去光泽，而且在浸泡后不容易恢复鲜亮，制作皮裘后柔软度较差。

（九）板面脂肪不净

板面脂肪不净是一个普遍存在的问题。由于脂肪酵解产生热量，容易导致皮毛在局部受热而脱落。这种情况在生皮时通常不容易察觉，只有在毛发附着不牢固、容易拔下的情况下才能察觉到。一旦经过加工制作，就会形成毛发脱落的秃斑。

（十）霉烂

霉烂是指在储存和运输过程中，由于雨水淋湿、鲜皮未及时晾干或晾干不彻底并且堆叠时间过长等原因，导致皮革发生霉烂和腐败，严重影响了毛皮的品质。

（十一）石灰板

石灰板是指在晾晒生皮或储存皮革时，向皮板上撒放生石灰以吸收水分的做法。由于石灰在遇水时会产生热量，这会导致胶原纤维发生变化，损害了皮层组织。轻微的情况可能导致制作后的皮革表面变得粗糙，而严重的情况可能导致皮革变得坚硬脆弱，容易折断。

（十二）晒干皮

晒干皮是指皮革并非在阴凉处晾干，而是在阳光下暴晒的情况，导致皮板的背面脂肪油渗出，同时破坏了皮板的纤维结构。这种情况在鞣制过程中难以吸收足够的水分，因此通常会被视为废弃品。

（十三）鼠咬皮

鼠咬皮指的是在存放时被鼠类咬破的皮革，导致皮板上的绒毛脱落。严重情况下，这种皮革可能会失去其价值。

第七节　獭兔肉的利用

一、冻兔肉制品加工

冻兔肉是我国出口的主要肉类品种之一。冷冻保存不但可阻止微生物生长、繁殖，还能促进物理、化学变化而改善肉质，所以冻兔肉具有色泽不变、品质良好的特点。

（一）工艺流程

冻兔肉的生产工艺流程如下：原料→修整→复检→分级→预冷→过磅→包装→速冻→成品。

1. 原料处理

取得獭兔皮后，将其送入冷冻加工厂进行处理。在处理冷冻兔肉的原料獭兔时，必须确保兔肉新鲜，且经过充分的放血后，再进行剥皮、截肢、割头、取内脏以及必要的修整。只有在经过兽医的卫生检查，确认未发现任何可能危害人体健康的病症后，才能进行冷冻加工。

2. 分级标准

我国出口的冻兔肉，主要有带骨兔肉和分割兔肉两种。

（1）带骨兔肉分级标准。特级：每只净重 1501g 以上；一级：每只净重 1001～1500g；二级：每只净重 601～1000g；三级：每只净重 400～600g。

（2）分割兔肉分级标准。

①前腿肉：自第十与第十一肋骨间切断，沿脊椎骨劈成两半。

②背腰肉：自第十与第十一肋骨间向后至腰荐处切下，劈成两半。

③后腿肉：自腰骶骨向后，沿腰椎中线劈成两半。

根据不同国家的不同要求，参考出口规格，应切除脊椎骨、胸骨和颈骨。

3.散热冷却

又称为预冷，是指新宰杀的胴体通常具有约 37℃ 左右的温度。此外，由于兔肉本身的"后熟"作用，在肝脏的糖分解过程中还会产生一定的热量，使胴体温度呈上升趋势。如果在室温条件下将胴体放置时间过长，微生物（细菌）的生长和繁殖会导致兔肉腐败和变质。预冷的目的是迅速排除胴体内部的热量，降低深层组织的温度，同时在胴体表面形成一层干燥膜，以阻止微生物的生长和繁殖，延长兔肉的保存时间，并减缓胴体内部水分的蒸发。

在进行冷却过程中，最好将温度维持在 -1℃ 到 0℃ 之间，不宜超过 2℃，同时最低温度不应低于 -2℃。相对湿度最好保持在 85% 到 90% 之间。通常，经过 2 到 4 小时的预冷处理后，兔肉就可以进行包装和装箱。

4.包装要求

目前，中国出口的冻兔肉遵循以下包装要求。

第一，带骨或分割的兔肉应根据不同的级别采用不同规格的塑料袋进行包装，并外包装在塑料或瓦楞纸板箱内。箱外应标明中、外文对照的相关信息，包括品名、级别、重量以及出口公司等信息。上海产的纸箱内径尺寸分别为：带骨兔肉为 57cm×32cm×17cm；分割兔肉为 50cm×35cm×12cm。

第二，每箱带骨兔肉或分割兔肉的净重应为 20kg。在包装分割兔肉之前，应首先称取 5kg 为一组，将整块肉平铺，零散部分夹在中间，然后用塑料包装袋卷紧，装箱时上下各两组形成"田"字形排列，四组再装入一层聚乙烯薄膜袋。每箱兔肉的重量差异不得超过 200g。

第三，带骨兔肉在装箱时需要排列整齐、美观、紧密。前肢的尖端应插入腹腔，以两侧腹肌覆盖；后肢应弯曲，以使形态更美观，兔的背部朝外，头部和尾部应交叉排列，尾部要紧贴箱壁，头部与箱壁之间留有一定的间隙，以便透气和降温。

第四，箱外部分应使用塑料或金属打包带，宽度约为 1cm。由于金属打包带容易生锈，因此大多数冻兔加工厂目前更多地采用塑料打包带。打包带必须保持干净，不能有文字、图案或花纹，不应使用纸质打包带，以免在速冻或搬运时破损或散落。

第五，箱外需要三道打包带，即一条横带和两条竖带，切勿因横带操作不便而省略包带。五分打包带应使用五分包扣，不应混用五分打包带和四分包扣，以免箱子边缘损坏，导致兔肉外露。

（二）冷冻技术

1.冷冻设施

目前，在中国，冻兔肉加工通常采用机械化或半机械化的工艺流程，其工艺水平和卫生标准已达到国际水平。

冷冻加工间通常包括冷却室、冷藏室和冻结室等区域。中等规模的冻兔肉加工厂通常将屠宰间设置在厂房的顶层，肉类冷却室也通常位于顶层，以便与屠宰间衔接。接下来是冷藏室和冻结室，而冻结室通常位于底层，以方便直接发货或为其他加工间提供临时保存的地方。

在冷却室、冷藏室和冻结室内，通常会安装吊车单轨，轨道之间的距离一般为 600 至 800mm，而冷冻室的高度通常在 3 至 4 米之间。

为了减少胴体受到微生物污染的程度，除了在屠宰过程中必须特别注意卫生，冷冻加工间中的空气、设施、地面、墙壁以及工作人员本身都应保持良好的卫生条件。在冷冻过程中，与胴体直接接触的挂钩、铁盘、布套等最好只使用一次，如果需要重复使用，必须经过清洗、消毒和干燥后方可再次使用。

2. 冷却条件

冷却条件主要包括温度、湿度、空气流速和冷却时间等因素。在冷冻兔肉的过程中，首先发生的是肌肉纤维中水分与肉汁的冻结。

兔肉的冷冻质量与冷冻温度和速度密切相关。根据实验结果，在不同的低温条件下，兔肉的冻结程度会有所不同。通常情况下，新鲜兔肉中的水分在温度达到 −0.5℃ 至 −1℃ 时开始冻结，而在温度降至 −10℃ 至 −15℃ 时完全冻结。兔肉在不同温度下的冻结程度如图 12−1 所示。

表12−1　兔肉在不同温度下的冻结程度

肉温/℃	冻结程度(%)	肉温/℃	冻结程度(%)	肉温/℃	冻结程度(%)	肉温/℃	冻结程度(%)	肉温/℃	冻结程度(%)
−0.5	2.0	−2	42.5	−3.5	66.0	−6	83.0	−9	94.5
−1	10.0	−2.5	53.5	−4	71.0	−7	87.0	−10	100
−1.5	29.5	−3	61.0	−5	78.0	−8	91.0	−15	100

根据测试结果，整个冷却过程可以分为两个阶段，因为在冷却初期，冷却介质（空气）与胴体之间存在较大的温差，导致冷却速度较快。在开始的四分之一时间内，胴体表面的水分蒸发量占总蒸发量的一半左右。因此，在冷却过程中，需要对空气的相对湿度进行两个阶段的控制。在冷却初期的四分之一时间内，相对湿度应保持在95%以上；在冷却后期的四分之三时间内，相对湿度应维持在90%至95%之间；而在冷却接近结束时，应将相对湿度控制在约90%左右。空气流速也是影响冷却时

间和程度的重要因素。一般来说，冻兔肉在冷却过程中，适宜的空气流速为 2m 每秒。

3.冷却方法

我国冻兔肉加工通常使用速冻冷却方法。这种方法要求速冻间的温度维持在零下 25℃或更低，相对湿度保持在 90%。一般情况下，速冻过程不会超过 72 小时，当肉的温度降至零下 15℃时就可以转移到冷藏保存。对于没有冷却设施的小型加工厂，应装备足够的风扇和排风扇。在炎热的季节中，必须采取措施保证肉温能够降至 20℃以下，之后将其迅速转入速冻间进行冷冻，以确保肌肉纤维中的水分和肉质能够完全被冻结。上海的一家冻兔肉加工厂为了加速冷却过程，采取了开箱速冻的方法，将原本 72 小时的速冻时间压缩至 36 小时，这样不仅节约了电力，也提升了冻兔肉的质量。具体的操作是打开箱盖，将肉放入管架进行速冻，速冻完成后再进行打包，转入冷藏保存。

（三）冷藏条件

对于已经冷冻的兔肉，以确保肉品质量不受损害，需要在适当的冷藏条件下储存以备运输。合适的冷藏条件包括冷库的温度应该保持在 –19℃至 –17℃之间，相对湿度应维持在 90% 左右。在冷库内，温度的波动一般不应超过 1℃，而在大量货物进出的情况下，一天之内的温度上升不应超过 4℃。良好的空气流动可以通过自然对流来实现。如果温度忽高忽低，可能会导致肉品变干和脂肪变黄，从而影响其质量。

在冷藏堆放方面，应采用以下方法：长期冷藏的冷冻兔肉应该被整齐地堆叠成方形堆，地面应使用没有通风的木板垫子，垫子的高度约为 30cm，堆叠的高度通常在 2.5 至 3 米之间。在冷库的容积和地板承重允许的情况下，堆叠的体积和密度越大越好，这将提高冷库的利用率。堆叠的兔肉与周围的墙壁和天花板应保持 30 至 40cm 的距离，与冷却排管的距离应在 40 至 50cm 之间，不同堆叠的兔肉之间应保持 15cm 的间隔。

冷库内应设有通行小车的通道，通道的宽度通常不应小于 2m。

冷冻兔肉的冷藏期限主要取决于冷藏温度和原料类型等因素。实践证明，冷库温度越低，保鲜期越长。在 4℃的冷库中，保鲜期仅为 35 天；在 -5℃条件下，保鲜期为 42 天；在 -12℃条件下，保鲜期可达 100 天左右。如果出口的冷冻兔肉能够在 -17℃至 -19℃的条件下储存，那么可以保鲜 6 至 12 个月。

二、獭兔肉加工

以兔肉为主要原料生产的产品包括兔肉罐头、兔肉香肠、兔肉松等，烹调后也可成为色美、味香、肉嫩的中西式名菜。

（一）缠丝兔

制作缠丝兔是一个复杂而精细的过程，需要经过多个步骤以确保最终的食品质量。首先，对兔子进行宰杀、去皮和修整，以确保处理干净整齐的兔体。其次，将准备好的容器中撒上盐，同时要交替堆码，将兔头和兔尾交替排列，以保持整齐均匀的布局。在起缸后，使用刷子将食用油均匀涂抹在兔体的胸腔和腹腔上，为后续的制作步骤做准备。再次，使用长约 4 米的细麻绳，从兔的后腿开始缠绕，一直到颈部和前颊，边缠边整形，确保胸腹部包裹紧密，前肢塞入前胸，后肢尽量拉直。缠丝后的兔体需要晾挂 6～7 小时，以便多余的液体流出。最后，将兔体放置在明火上，可以使用木炭、焦炭或玉米芯等燃料，进行烟熏和干燥。这个过程将兔肉处理成半成品，赋予了特有的风味。如果需要将缠丝兔制成煮熟后销售的产品，可以使用预先准备好的卤水将兔体蒸煮约 45 分钟，趁热在兔体表面涂抹一层香油，以提升口感。这些步骤共同确保了制作缠丝兔的全过程，使其成为一道美味的食品。

（二）兔肉罐头

制作兔肉罐头是一个多步骤的过程，需要细致的准备和处理。首先，务必清洗和消毒罐子，以确保卫生和食品安全。其次，将兔肉切成 2～3cm 大小的小方块，并根据口味的需求，采用不同的加工方法，如红烧、咖喱或清汤等。紧接着，将处理好的兔肉迅速装入罐中，并确保密封。这一步通常需要使用专门的罐头密封设备。为了确保食品的安全，需要对密封的罐头进行杀菌，可以采用热水加热或高压蒸汽的方式。再次，采用喷冷或浸冷的方式迅速降低罐头的温度，以保持食品的新鲜度。同时，擦干罐子外部的水分，以避免罐头生锈或腐败。最后，将处理好的兔肉罐头装箱，并储存在 0～10℃的条件下，以确保食品的质量和安全性。这些步骤的完美融合确保了制作兔肉罐头的全过程，创造出方便的食品选项，同时保持了食品的美味和品质。

（三）兔肉香肠

制作兔肉香肠是一个复杂而熟练的过程，需要多个步骤来确保最终的食品品质。首先，要准备好原料兔肉，去骨并将其切成 1cm 大小的小块。其次，混合肉块和 3%～5% 的食盐，以帮助渗出残留的血液。这一步骤旨在净化兔肉，使其更适合制作香肠。按照工艺标准，将所需的配料与 45～50℃温水在搅拌机内充分溶解，确保混合均匀。再次，让混合物静置 30 分钟，以确保配料充分渗透到兔肉中。完成搅拌后，使用这个混合物来灌制湿肠。灌制好的湿肠需要进行一次 40℃温水漂洗，然后挂在竹竿上沥干，并经过 2～3 天的暴晒，以使肠子具备适当的质地。接下来是烘制的步骤，将湿肠放入 45～50℃的烘房中烘肠 3 小时后，调整温度至 50～55℃，经过 24～48 小时，肠身干燥，肠衣透明起皱，呈现红润的色泽。这是烘制完成的标志。最后，将烘制好的香肠晾挂在通风干燥的地方，慢慢冷却和成熟，通常需要 10～30 天的时间。这个成熟期有助于香肠的口感和风味的提升。这一系列步骤的完美融合确保了兔肉香肠的制作，创造出美味的食品，同时保持了其高品质和独特的风味。

（四）兔肉松

制作兔肉松需要经过一系列烦琐的步骤，确保最终的食品质量。首先，选用新鲜的兔肉，去皮、去骨以及筋腱等，根据肌肉纤维的纹路将兔肉切成肉条，再将这些肉条横向切成 3 ～ 4cm 的短条。其次，将这些兔肉块浸泡在冷水中，大约 20 ～ 30 分钟后去除多余的血液，将其洗净并沥干备用。为了制作兔肉松，需要准备适量的配料，如 100kg 的鲜兔肉、5kg 的白糖、3kg 的食盐、3 升的黄酒、1kg 的生姜和 200g 的味精。再次，将沥干的兔肉放入锅中，加入食盐水，然后煮约 30 分钟，直到肌肉纤维能够自行分离。加入白糖、生姜、料酒、胡椒等辅料，继续煮，直至汤水几乎蒸发殆尽。加入味精并拌匀，直到兔肉质地酥软后就可以出锅。最后的步骤是脱水，可以采用烘、炒或晾晒的方法。使用木制梯形搓板轻轻搓揉兔肉，使其变得蓬松而富有弹性，这样就制成了兔肉松。这一系列步骤的完美融合确保了兔肉松的制作过程，创造出美味的食品，同时保持了其高品质和独特的风味。

第八节　獭兔副产品加工利用

一、兔脏器的利用

兔的脏器食用价值很低，弃之却十分可惜，但经综合利用，其经济价值甚为可观。

（一）兔肝

兔肝通常呈现红褐色，位于兔子腹腔的前部。这个器官的重量在 40 至 80g 之间，约占兔子总体重的 3%。在医药行业中，兔肝被用于制造各种药品，如肝精、肝宁片，以及肝脏用的注射液等。

（二）兔胰

兔子的胰脏是一种多功能器官，兼具消化腺和内分泌腺的功能。它产生的胰液富含多种酶，包括胰蛋白酶、胰脂肪酶和胰淀粉酶。胰脏还可用于提取重要的生物活性物质，如胰酶和胰岛素等。

（三）兔胆

兔胆是提取胆汁酸的优质原料，其提取效率大约为3%，远高于牛或羊胆的0.3%提取率。这一显著的差异使得兔胆在胆汁酸提取领域中具有特别的价值。

（四）兔胃

兔子的胃属于单室结构，位于其腹腔的前端。它由几个部分组成：贲门部、幽门部、胃底和胃体部。兔胃的黏膜层能够分泌胃液，其中包含盐酸和胃蛋白酶原。在医药行业中，兔胃常被用来提取胃膜素和胃蛋白酶等物质。

（五）兔肠

兔子的肠道长度大约是其体长的十倍。在医药产业中，兔肠被作为提取肝素的主要原料之一。

二、兔粪尿的利用

（一）有机肥料

兔粪的成分在畜禽粪便中独具特色，其氮、磷、钾含量高于其他类型的动物粪便，并且富含多种微量元素和维生素。一个成年兔子一年可以产生大约10kg的肥料，而10只成年兔子的粪便量与一头猪相当。以兔粪为例，每100kg的兔粪肥效相当于10.85kg硫酸铵、10.90kg过磷酸钙和1.79kg硫酸钾。

兔粪和兔尿不仅能改善土壤的团粒结构，提升土壤的肥力，还具有杀虫、灭菌和保水抗旱等效果。使用兔粪尿的土壤可以减少蝼蛄、红蜘蛛和黏虫等地面及地下害虫的数量。在棉苗期使用稀释的兔粪尿可以防治侵害棉苗的地老虎，而用兔粪尿熏烟则可以杀死僵蚕菌，促进蚕茧的丰收。对于多种作物而言，施用兔粪尿都能起到增产的作用。

兔粪尿中的尿素、氨态氮以及钾、磷等成分可以被植物直接吸收利用。但是，其中未被消化吸收的蛋白质并不能被植物直接利用，需要经过发酵和腐熟过程后才能被吸收。为了提高兔粪尿的肥效和利用率，必须对其进行适当的加工处理。

1. 堆积发酵

进行堆积发酵处理时，将兔粪尿与剩余的草料混合堆放，并在堆积过程中适量添加水分，使其水分含量保持在50%左右。堆积成圆形并用泥土封闭周围，以促进发酵过程。在经过几周的时间后，堆内的温度可上升至50℃以上。待温度降低后，重新打开粪堆，继续发酵一段时间。当粪堆变为褐色、无明显臭味和酸味，且手感松软、不粘手时，即表明已经腐熟，可用作肥料。

2. 制成兔粪尿液

为了制备兔粪尿液肥，首先去除兔粪尿中的杂草杂物，其次按照1：7的比例加水混合，放入容器中并密封（使用塑料膜或泥土封口）。根据季节不同，发酵的时间也有所差异：夏秋季需要3至4天，而冬春季则需10至15天。发酵完成后，通过麻袋或纱布过滤掉残渣，得到的液体便是兔粪尿液。在使用时，将其与10倍量的水混合稀释，并装入喷雾器中。将此液体喷施在农作物叶面上，每亩用量约为5至10kg。特别是在大麦、小麦、水稻抽穗期对叶面喷施，可以明显提高作物产量。

3. 制成颗粒肥料

为了制作兔粪尿颗粒肥料，首先需要将兔粪尿中的饲草和杂质进行清除。接着将清理后的粪尿晒干，然后装入塑料袋中，并紧密封口以备使用。这种颗粒状的肥料不仅易于储存和保持肥力，而且使用起来也非常方便。它适用于作为穴肥施用在果树、茶园和蔬菜地。当作为基肥使用时，除了具有显著的肥效，还能起到抗旱保水、杀虫和灭菌的作用。

（二）鱼饲料

兔粪在养鱼领域的应用是一种环保的资源利用方式，已经被许多综合养殖场采纳。长期实践表明，使用兔粪作为养鱼的方法可以使鱼的年产量增加 20% 以上。具体的应用方法包括。

（1）直接使用新鲜兔粪喂鱼。清除兔粪中的杂质并滤干兔尿之后，直接用铲子将兔粪撒到鱼塘中。每平方米 $10m^2$ 的面积使用 1kg 兔粪。可以整体撒布，也可以分区域撒布，大约每 5 到 10 天撒布一次。

（2）利用兔粪发酵生蛆或养蚯蚓喂鱼。当自然气温超过 20℃时，在鱼池边挖沟（宽 30 至 50cm、深 40cm），沟内铺设 20cm 厚的兔粪，再覆盖 20cm 厚的土，并充分浇水。在大约 15 至 20 天，或更长时间后，一旦发现兔粪中出现了蛆虫或蚯蚓，就将含有蛆虫或蚯蚓的兔粪一起扬进鱼塘里。

这些方法不仅能有效提高养鱼的产量，同时也是一种可持续的循环利用资源的方式。

三、其他副产品的利用

随着科学技术的迅速发展，兔血、兔骨、兔头、兔毛及胎盘等重要副产品的潜在效能和特殊用途逐渐被人们所认识，并成为食品、医药和饲料工业的重要原料。

（一）兔血

兔血是一种营养价值极高的资源，尽管在中国只有少数地区有食用兔血的习惯，但其实它可以被广泛利用于食品、医药和饲料领域。作为食品，兔血富含蛋白质和必需氨基酸，还含有多种微量元素，可被加工成血豆腐、血肠等营养丰富的食品。在医药行业中，兔血是提取多种生物药物和生化试剂的重要原料，如医用血清、血清抗原、凝血酶、亮氨酸和蛋白胨等。兔血也可以被加工成普通血粉或发酵血粉，作为畜禽动物性饲料，这是解决动物性饲料需求的有效方法之一。总体来说，兔血的综合利用不仅能丰富食品和药品资源，也为动物饲料提供了新的选择。

（二）兔骨

兔子的骨骼系统可以分为中轴骨和附肢骨两个主要部分，占成年兔体重的大约 8%。经过高温处理后，兔骨可以转化为多种有价值的产品。骨油可以被提取出来，用于食品或工业用途。剩余的骨渣则可以用来生产骨粉、活性炭或过磷酸钙等产品。兔骨熬制的骨汤还是工业骨胶、医用软骨素、骨浸膏或骨宁注射液等产品的重要来源。综合来看，兔骨的利用不仅多样化，也为食品、医药和工业提供了丰富的原材料。

（三）兔头

兔头食用方面在川渝地区较为常见，在其他地区较少有食用的习惯，通常在屠宰加工时被废弃，但其实兔头骨是一种极佳的蛋白胨提取原料。如果这一部分能被有效开发和利用，其潜在的经济价值也是相当显著的。

（四）兔毛

肉兔的次级毛，是胱氨酸提取的宝贵原料。

（五）兔胎盘

在母兔分娩过程中，胎盘通常被母兔食用或遗弃。然而，如果能够及时收集这些胎盘，积累一定数量后，它们可以被加工成兔胎盘粉。

（六）兔耳

近些年，宠物食品制造业逐渐兴起，兔耳冻干后可废物利用作为狗粮，经济效益较为可观。

参考文献

[1] 白明祥. 獭兔高效饲养新技术 [M]. 郑州：中原农民出版社，2000.

[2] 高振华，谷子林. 优质獭兔养殖手册 [M]. 石家庄：河北科学技术出版社，2009.

[3] 谷子林，钱珊珊，候俊财，等. 獭兔高效养殖教材 [M]. 北京：金盾出版社，2005.

[4] 谷子林. 獭兔科学饲养技术 [M]. 北京：金盾出版社，2016.

[5] 韩香芙. 獭兔生产配套技术手册 [M]. 北京：中国农业出版社，2015.

[6] 胡瑞，刘莉. 獭兔高效养殖新技术 [M]. 北京：北京出版社，2000.

[7] 江太中. 獭兔高效益饲养技术精要 [M]. 北京：中国农业科技出版社，2000.

[8] 任克良. 无公害獭兔养殖 [M]. 太原：山西科学技术出版社，2007.

[9] 陶岳荣. 獭兔高效益饲养技术 [M]. 北京：金盾出版社，2001.

[10] 汪志铮. 獭兔养殖技术 [M]. 北京：中国农业大学出版社，2003.

[11] 王桂芝，娄德龙. 獭兔高效养殖新技术 [M]. 济南：山东科学技术出版社，2002.

[12] 王桂芝. 獭兔高效养殖新技术 [M]. 济南：山东科学技术出版社，2006.

[13] 向前. 优质獭兔饲养技术 [M]. 2 版. 郑州：河南科学技术出版社，2008.

[14] 肖峰，曹继东，姜八一. 獭兔高效养殖关键技术 [M]. 北京：中国农业出版社，2018.

[15] 熊家军. 高效养獭兔高效养殖致富直通车 [M]. 北京：机械工业出版社，2014.

[16] 于鸿林，彭玉玲. 獭兔饲养 [M]. 长春：吉林人民出版社，1984.

[17] 张花菊，白明祥，谭旭信. 养獭兔 [M]. 郑州：中原农民出版社，2008.

[18] 张明忠，任家玲，李沁. 獭兔 [M]. 太原：山西科学技术出版社，2002.

[19] 赵超，谷子林. 獭兔科学养殖技术 [M]. 北京：中国科学技术出版社，2017.

[20] 郅永伟，谷子林. 獭兔规模化优质高效养殖技术 [M]. 石家庄：河北科学技术出版社，2018.

[21] 朱瑾佳. 獭兔 [M]. 南京：江苏科学技术出版社，2001.

[22] 陈德霞. 种用公獭兔的饲养与采精 [J]. 农村新技术，2022（12）：31-32.

[23] 费伟. 种用公獭兔的饲养和采精 [J]. 新农村，2023（5）：33-34.

[24] 郭威. 家庭农场式獭兔养殖的适宜配套模式 [J]. 农业工程技术，2023（9）：65-66.

[25] 胡刚，郭艳芹，于庭浩，等. 幼獭兔日粮配方筛选试验 [J]. 中国畜禽种业，2020（6）：96-97.

[26] 寇永标，刘长树. 浅谈獭兔幼仔兔常见腹泻病的诊疗技术 [J]. 山东畜牧兽医，2020（8）：36.

[27] 李小成. 獭兔日粮中营养物质对皮张品质影响的研究进展 [J]. 中国养兔杂志，2021（2）：32-33.

[28] 刘金波. 獭兔常见病的诱因与综合防制 [J]. 吉林畜牧兽医，2023（2）：103-104.

[29] 刘卫东. 獭兔孕期常发病及治疗措施 [J]. 中国养兔杂志，2021（2）：40.

[30] 吕全云. 獭兔的饲养管理 [J]. 中国养兔杂志，2022（6）：40-41.

[31] 马广生. 秋季种獭兔管理关键措施 [J]. 农村新技术，2022（9）：35.

[32] 孙振虎. 浅谈獭兔养殖技术 [J]. 养殖与饲料，2021（2）：26-27.

[33] 王永存. 夏季獭兔的生产管理措施 [J]. 四川畜牧兽医，2021（6）：39-40.

[34] 吴敖其尔. 獭兔养殖中几种常见病的预防 [J]. 吉林畜牧兽医，2023（5）：115–116.

[35] 徐风苍. 规模獭兔场引种注意事项 [J]. 中国畜牧业，2020（8）：80–81.

[36] 许平让. 獭兔优质高效养殖技术 [J]. 农村新技术，2023（6）：34–35.

[37] 张俊峰，郑百芹. 冬季獭兔的饲养管理技术 [J]. 当代畜牧，2022（4）：10–13.

[38] 朱艳. 獭兔春季管理要点 [J]. 中国养兔杂志，2023（2）：33，48.